汉服藏美录

何继丹 孙虹 著

南方传媒 花城出版社

中国·广州

图书在版编目（CIP）数据

汉服藏美录 / 何继丹，孙虹著. —广州：花城出版社，2022.12

ISBN 978-7-5360-9361-4

Ⅰ. ①汉… Ⅱ. ①何… ②孙… Ⅲ. ①汉族—民族服装—中国—图集 Ⅳ. ①TS941.742.811-64

中国版本图书馆 CIP 数据核字 (2022) 第 223096 号

出 版 人：张 懿
责任编辑：黎 萍 秦翊珊 夏显夫
责任校对：李道学
技术编辑：凌春梅
封面设计：吴丹娜
版式设计：任小红 戴明晖

书　　名　汉服藏美录
　　　　　HANFU CANGMEILU
出版发行　花城出版社
　　　　　（广州市环市东路水荫路 11 号）
经　　销　全国新华书店
印　　刷　广州市岭美文化科技有限公司
　　　　　（广州市荔湾区花地大道南海南工商贸易区 A 幢）
开　　本　787 毫米 ×1092 毫米　16 开
印　　张　22.5
字　　数　290,000 字
版　　次　2022 年 12 月第 1 版　2022 年 12 月第 1 次印刷
定　　价　168.00元

如发现印装质量问题，请直接与印刷厂联系调换。
购书热线：020-37604658　37602954
花城出版社网站：http://www.fcph.com.cn

序一：汉服之光，世界大同

尹定邦

中国是一个多民族国家，五十六个民族共同生活在这个大家庭里已有五千多年。在总人口中，汉族占大多数。人口过千万的有壮族，在百万与千万之间的有满族、蒙古族、回族、苗族、维吾尔族、哈萨克族、布依族、彝族、侗族、瑶族、土家族、哈尼族、白族、傣族、朝鲜族等十七个民族，在百万与百万之下的有三十七个民族。这些合称为中华民族。

中国又是一个文明古国。世界上有四大文明古国：古巴比伦、古埃及、古印度与中国。除中国外，其他三大文明古国都因外族入侵，国被毁，族被灭，文明因此而中断。中华文明始于炎黄，继于华夏，历经商、周、秦、汉、魏、晋、隋、唐、宋、元、明、清各朝，始终都是一支先进和强盛的力量，表现出它的坚韧和顽强，为中华民族的伟大复兴积蓄着力量。

中华文明的核心在于一个『文』，这个『文』即文字。它把语言视觉化，传至天涯海角；它把智慧文学化，传至千秋万代。只要同文便容易同心、同德、同政、同业与同学。同心即思想一致，同德即行为一致，同政即组织一致，同业即知识、技术、艺术、商贸互通，同学即培养和选拔人才标准一致。这些一致使得万里一统，万世齐心，使得中华民族永远立于不败之地。

作为中华文明综合实力组成部分的中华民族服装及其代表汉服，具有重要的研究价值与传承意义。它是我们认识曾经的人们穿着与生活的直接『蓝本』，也是世界认识我们的又一途径。

汉服包括极丰富的内涵，主要表现在五个方面：

一、原材料的生产，如棉麻的种植、桑蚕的种养、牛羊的放牧、狐裘的猎获等，几千年均为世界第一。

二、汉服的纺、织、制革、印、染、绣、绘、裁、缝、拼、搭等工艺技术均居世界前列。

三、衣、裳、袍、裙、裤、褂、披、兜、束、冠、履、衬、巾、衫、甲、胄、缨、饰等，款式之丰富，加工之精美，搭配之万千变化，已臻于极致。

四、服务于男女老少、士农工商等人群，适用于工作、学习、劳动、战争等场合，能应付严寒、苦暑、潮湿、风沙等情况，满足实用、高效、经济和美观的需求。

五、服装通过材质、工艺、色彩、纹样、配饰，使人们的身份与地位得以表现。其形式、制度之系统、严谨和周详，令人惊叹。

一八四〇年鸦片战争，中华民族遇到了前所未有的危机，汉服几千年的辉煌也暂时中断，洋服由此盛行。

新中国成立之后，中华民族的伟大复兴迈向了新征程。民族复兴当然少不了中华民族服装的复兴，首要的便是汉服的复兴。

显然，汉服的复兴必须以工业化、信息化、智能化的技术为基础，必须以国内和国际与时俱进的市场需求为导向。今天，中国已经是世界服装第一生产大国、第一贸易大国和第一人才大国。在此基础上，对于中华民族五千年的服装传统要系统地收集、整理，以取其精华，去其糟粕；对于两百年来袭卷世界的西方服装，也要加以系统地研究，取其精华，去其糟粕。在这个基础上去探索全新的无限可能性，为中华服装不断地信息化、智能化、市场化与国际化而努力，为中国成为世界服装第一强国而努力。

改革开放以来，广州美术学院服装专业曾为国家培养了众多一流和超一流的服装设计师、专家和教授。何继丹教授便是其中的代表之一。她为中国服装设计及教育做了大量的工作。二〇一〇年以来，她一心一意地走遍大江南北和五洲四海，去查找和收集夏商周以来中国各个时期留下的服装实物与资讯，走访了美术馆、图书馆、博物馆和大小书店，考察了包括壁画、国画、雕塑、画像石、画像砖、铜器、铁器、瓷器、陶俑等实物与纹样，不放过国内外任何一次有关于服装的学术活动。她的目标只有一个：最大限度地看到中华服装的全貌，最大限度地认识中华服装的形成和发展规律，并最大限度地提炼出其中最优秀和最美丽的部分，为推动中华民族服装的信息化、智能化、市场化和国际化服务。何继丹八年磨一剑，她不远万里，亲临中国丝绸博物馆、敦煌莫高窟、敦煌研究院、美国大都会博物馆、日本京都博物馆等地进行现场手绘，所得手绘稿过千幅，再精选加工了三百余幅较能反映中华民族服装面貌的作品，编撰成书，以推动汉服的现代化，让它们不再只限于作为文物或戏剧元素被欣赏，亦不能因为高价格而专属高收入者，而是走进市场，亲近人民，成为国内外消费者日常生活与工作中的最爱。

人类文明走向世界大同也许还要五千年或者一万年，但这个大方向肯定不会改变。这种大同一定是科学的、艺术的、自由的、幸福的和不断进步的。中华文明一定会为世界大同做出自己的贡献。何继丹的努力将是这份贡献中的一部分，我为她鼓掌，还对她的努力表示我由衷的谢忱。但是一个何继丹是不够的，一百个何继丹也是不够的，我相信一定会有一代又一代，成百上千的服装设计师和服装教育家，为中华民族服装的复兴而奋斗。世界大同下的服装一定会有中华民族基因的推动与贡献。

二〇二一年一月三日　于广州

序二：八年一剑说汉服

何继丹

汉服，又称汉衣冠、汉装、华服，是『汉民族传统服饰』的统称。

在遥远的古代，生活在黄河长江流域的华夏祖先，沐浴着大江大河、高山袤原的阳光雨露，逐渐形成了一整套适合环境、讲究礼仪、阶层分明的衣饰制度。这套制度通过衣饰的材料、形制及穿着方法等具体的细节，彰显了汉民族独特的文化品位与族群性格，绵延四千余年，而今在历史文献和出土文物的双重呈现中，向我们展示了令人赞叹不已的工艺及审美价值。这些价值构成了中国工艺美术的重要组成部分，例如受保护的中国非物质文化遗产中的三十多项，就与汉服相关。在中华民族伟大复兴的当代，唤醒曾经失落的汉服文明，重新发现与研究中国传统服饰文化中的审美，对于一个服装设计教育者而言，无疑是一项有意义且有趣味的工作。

本人从事服装设计教育工作三十二年，过去在研究中国古代服饰的过程中，查阅了大量的历史资料，发现这些资料以文字为主，图片很少，或者很不清晰、不规范，更谈不上数据及细节，时至今日，已很难满足广大读者及服装从业者的需求。因而我产生了绘制一本以图为主，厘清汉服发展走向的图册的想法。这个想法得到了出版社的鼓励，于是一发不可收，八年磨一剑，今日始磨成。

本书收录了三百余幅精美的电脑手绘图，撷取历史名画及出土文物中的汉服服饰，以时间为经线，以各朝代的着装方式为纬线，穿插构筑而成册。对每个历史时期的汉服服饰，本书从五个方面予以图解：生活场景、服装形制、色彩、配饰、织物（材料）。生动的图片配上简洁的文字，力求清楚地呈现汉服在从先秦到明清时期的数千年间，由简入繁，由质朴到华丽飘逸，再到式微与覆灭的流变路径；并对汉服的实用性与审美取向做了梳理，注重细节的真实性，书中的每一个纹样、每一处场景都力求做到有出处、有根据，绝无戏说之成分。

期待本书能受到广大读者和专业人士的认可和喜爱。

二〇二一年十月

序三：云裁霞剪汉家衣裳

孙虹

多年前有一群爱好艺术的人，拉了一个微信群。群主经常安排一些各有专长的群友在群里开设课程，讲授茶道、琴道、汉服……某天我上去，恰逢何继丹老师在上汉服课，满屏幕花花绿绿的衣裳仿佛天上飘落的云霞般好看。于是课后我就撺掇她，何不画本汉服书出来让更多的人欣赏？一句玩笑话说着说着就当真了，我把何老师用电脑手绘的汉服图画做了一个煽情的PPT，在选题会上极力鼓吹，结果选题通过了。之后进入漫长的创作期，不断地开会，讨论，修正，调整，其间跟随何老师去博物馆，见设计师，泡图书馆，购买、查阅大量的专业图书与画册，看她在古琴与沉香的陪伴下悠悠地写写画画，一个不留神，就被她带进沟里了，一发沉沦下去，直至不能自拔，最后从选题策划变成了作者之一。

这一沉便是八年。八年里，我被带着沉浮在云裁霞剪的汉服长河中，前后左右上下，在在皆是丝的流光，锦缎的潋滟，纱罗的雾霭……我顺流而下，一路上领略了秦汉的深衣之妖娆，魏晋的褒博之潇洒，唐朝的霓裳之艳丽，大宋的衣风之优雅，明朝的服制之完善……生生把自己从一个对汉服不感兴趣的『小白』，逼成了初识其奥妙的门生。

现在，这本书终于完成了。希望她是那条丝织的河流，将广大的读者裹挟进来，让读者了解，我们曾经是一个丝绸的国度，是用云霞般的丝绸锦缎来裁剪衣裳的民族；我们的审美，曾经那么高级；我们的穿着，曾经那么好看；我们的文明，曾经那么领先……

总之，这是一本诚意满满的书。以诚相待，希望可以获得读者诸君的青睐。来吧，我们一起用美丽的汉服洗洗眼，养养心。

二〇二一年十月

目录

叁　褒衣博带　魏晋风度　94

题记

汉家衣裳
和尘同光
中华文化
源远流长

衣画裳绣 先秦立范

壹

公元前二〇七〇年至前二二一年

夏 商 周：公元前二〇七〇年至前七七一年

春秋战国：公元前七七〇年至前二二一年

服饰特征

形：

官方正装：上衣下裳。

流行服饰：深衣、袍服、襦裙、胡服。

色：

官方用色：帝王冕服上玄下纁（音同薰）。『夏后氏尚黑、殷人尚白、周人尚赤』。上衣用正色『青、赤、黄、白、黑』等五色，下裳为间色。

流行色：紫色。

织：

流行衣料：锦、绣、绮、罗、麻。

饰：

官方配饰：冠、佩绶、佩玉。

时尚配饰：佩玉、带钩、笄（音同机）、梳、通天冠。

时代关键词

夏是中国历史上有文字记载的第一个朝代。此时中国从石器时代进入铜器时代，从原始社会转型为奴隶社会。

商至周是奴隶社会高度发展的时期，等级制度确立，随之出现了固定这种尊卑关系的上衣下裳的衣冠服饰制度。

服装大事件

中国的冠服制度，初建于夏商，完善于周，春秋战国之交被纳入礼制，出现了延续数千年的历代帝王服章制度——『十二章服』（指帝王冕服上饰有十二种纹样的服装）。十二章服与封建王朝的延续相伴，直至清王朝灭亡。

据《论语·卫灵公》记载：『颜渊问为邦。子曰：「行夏之时，乘商之辂，服周之冕，乐则《韶舞》。」』这段话便是孔子为中国定下的理想国家的基调：用夏代的历法，坐商代的车子，穿周代的礼服，听舜时尽善尽美的音乐。孔子的理想也是中国主流知识精英的理想，这种理想后来成为历代《舆服志》的指导思想，贯穿了中国古代冠冕服制的整个发展过程，表明了中国古代的冠冕服装不仅仅是遮体的衣裳，更重要的，它还是礼的象征，身份等级的标志，国家治理有序、安定繁荣的表征。

/商代玉人俑/

——依据河南省安阳市殷墟出土实物绘制

此玉雕男俑头戴高巾帽，穿右衽窄袖衣套装，腰束绅带，前系蔽膝。

夏商周汉服之缘起

• 上衣下裳制：最早和最基本的汉服形制

『上衣下裳』即上下配套的衣着形式，不同于后来上下一体的汉服。在商周时期，『衣裳』逐渐成为汉服的一种基本形制，成为服装的通称。《易·系辞下》曰：『黄帝、尧、舜垂衣裳而天下治，盖取之乾坤。』乾坤即天和地，人们将穿于上身的叫衣，着于下体的称裳，又以衣在上为天，裳在下为地。故衣裳制是华夏服饰礼仪规格的最高形式。

古代的中国人信奉天人合一的世界观，落实在帝王的服装——冕服（祭祀礼服）上，就是『玄衣纁裳』。所谓『天地玄黄，宇宙洪荒』，古代的宫廷设计师用天地的色彩来定义帝王的服色：上衣像天用玄色，下裳像地用黄色。天地装裹一君王，帝王的角色在『玄衣纁裳』的装束下，瞬间得以升华并固化。

• 冕服：帝王的礼服

／商代玉人俑／

——依据河南省安阳市殷墟出土实物绘制

此一对玉雕为一男一女。二人上衣皆为右衽矩领窄袖衣，衣长及踝，有缘边，腰束大带，腹前垂一兽头纹的韦韠（音同碧）（后称蔽膝）。男子头戴平顶冠，女子头插双笄。

主要由冕冠、玄衣（黑上衣）、纁裳（『黄而兼赤为纁』）、白罗大带、黄蔽膝、素纱中单（内衣）、赤舄（音同细）（红鞋）等构成。是古代帝王举行重大仪式所穿戴的礼服。冕服之制，据记载殷商时期已出现，至周代定制规范得以完善，后一直沿用到明代。

● 蔽膝：身份的象征

殷商时期，衣服主要的面料是皮、革、丝、麻。商代人已能精细地织造极薄的绸子和几何提花的锦、斜纹的绮、绞纱类的纱罗等织物。现今用的『夏布』即是源于夏商周时期的苎麻织成的布。

夏商以前，地位尊贵的人仍然要劳作，故衣袖较窄。商代实行上衣下裳制，故商代人的一般装束为上着右衽交领窄袖衣，衣长不及踝，织绣各种花纹，领袖口和衣缘饰以织锦做的花边；腰间束丝绸制作的宽带，又称大带或绅带。若是礼服，腹前垂一兽头纹的韦韠。商周时期尚无凳子，直到唐代，上至君王，下至百姓都是席地而坐，呈跪坐姿，蔽膝正好覆盖在大腿上作为装饰；下着裙裳，如同现代的裙子。

● 丰富多彩、花样百出的首服

首服指帽子和头饰、发式。当时古人的头上若非尖顶帽，就是裹巾，裹的方法如同现代苗族或其他少数民族男女戴头巾一样，像头箍般围成一圈。头发或剪齐盖在头顶，或编成小辫子盘在头上。女子头发拢成髻，上插双笄，两鬓垂肩卷成蝎子尾巴状。男子也有卷曲的发式，还有一种向后卷曲的冠子。这种卷曲的头发后所未见，或许是西羌和东夷人的形象。

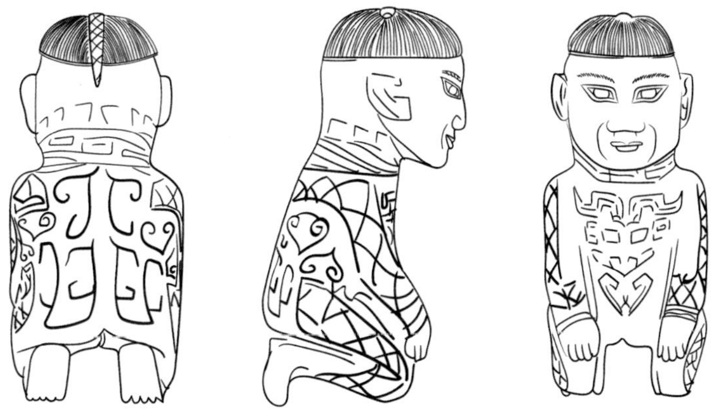

男子头发剪齐盖于头顶，中间留一小撮编成小辫子垂于脑后。

头发编成辫子盘于头顶，再戴上平顶帽。

/戴平顶帽、穿翻领绣衣的玉人/

——依据河南省安阳市四盘磨村出土实物绘制

/戴提花平箍帽、穿提花衣、扎提花腰带的玉人/

——依据河南省安阳市殷墟妇好墓出土实物绘制

/插单笄的男子/

——依据河南省安阳市出土实物绘制

/笄与梳子/

笄：是古代的一种束发工具。自商代以来，成年女性头上都会插笄。因女子成年才能着笄，故古代称女子成年为「及笄」，表示至此便可以结婚了。男子插笄一般为单插，用于固定发髻或发冠。而女子一般为双插，多为斜插于头顶发际两旁，笄上多雕刻鸟类，寓意成双成对。

梳子：据《汉书》记载，上古时期，部落联盟首领轩辕黄帝的妃子方雷氏，受鱼骨的启示发明了梳子。最初的梳子多以木头制作，用来代替手指整理头发。到了商周时期，出现了骨梳和玉梳，除了用来梳发，更主要的功能是绾结头发。这个时期的梳子外表已很美观，经常刻有各种纹样，造型多样，富含装饰意味。

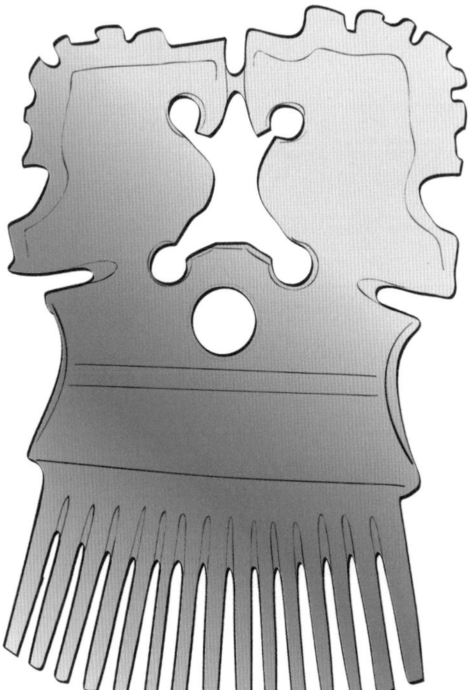

／鹦鹉梳／

——依据河南省安阳市出土实物绘制

此梳梳背上雕着站立的两只鹦鹉，大小不同，似有雌雄之分；头嘴相对，仿佛在窃窃私语。

╱头插双笄玉人珮韍（音同福）图╱

——依据河南省安阳市出土实物绘制

图中的西周玉人应为贵族，头插双笄，身穿大袖衣，腰系宽带，佩韍。韍是一种用丝织锦绣做成的斧形装饰物，上面绣有兽头纹，多为女子穿戴。若是用皮革做的则叫鞸，为男子所用，发展到后来，称为『蔽膝』，是权力和地位的象征。因此，腰下佩有此物者非富则贵。

／鹦鹉笄／

此笄笄头雕作鹦鹉形及『臣』字形眼，具有明显的殷商时期的装饰特点。鹦鹉短翅上卷，足前伸。笄身呈扁长条，由上而下渐细，尖端扁圆。

／虎纹笄／

——依据河南省安阳市出土实物绘制

此笄同样雕有『臣』字形眼，具有典型的殷商特征。

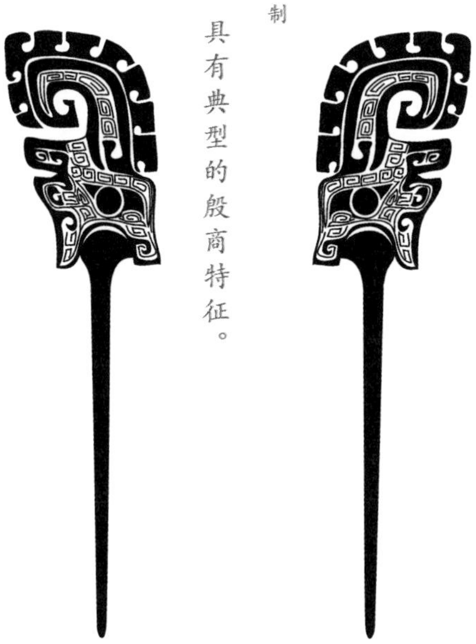

● 汉服之美，《诗经》为证

《诗经·郑风·丰》：『衣锦褧（音同囧）衣，裳锦褧裳，叔兮伯兮，驾予与行。』《卫风·硕人》：『硕人其颀，衣锦褧衣。』皆谓女子身穿锦缎衣裳，外披薄纱罩衫……生动地描绘出汉服的含蓄之美。夏商以前，地位尊贵的人仍然要劳作，故衣袖较窄，至周代，富人已经不用劳作了，衣袖渐渐宽大。西周时的高级衣料已出现织锦和刺绣。因锦的价格贵如黄金，故『锦』字是『金』字旁加个『帛』。据记载，鲁国的锦绣价值成千上万（钱），而一般的绢帛只需七百（钱）。人们为了小心保护或掩盖华丽的锦绣衣裳，在外面罩上一件麻纱外衣，既实用又美观。从薄纱罩衫内里透出来的华丽锦绣不再显得刺眼招摇，而变得影影绰绰，引人遐思，达到了审美上的更高层次。

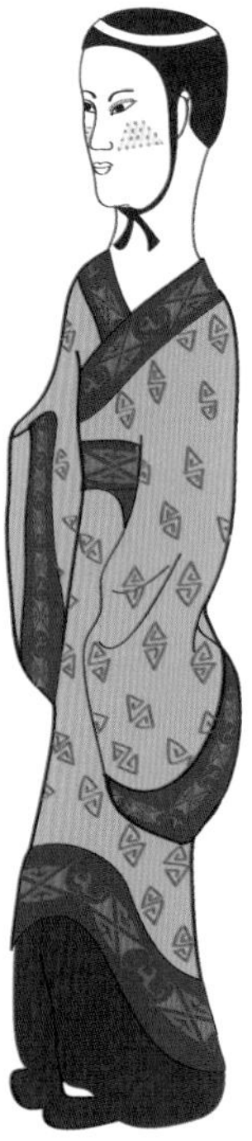

／楚国深衣／

『衣作绣，锦作缘』

春秋战国时尚风

三代之后，五霸七雄登上历史舞台，打破礼制，标新立异，追求风尚各异的精美服饰，各领风骚一时，如『赵王好大眉，民间且半额；楚王好广领，国人皆没颈；齐王好细腰，后宫有饿死者』（《风俗通义》）。统治阶层的个人喜好成为引领社会时尚的风向标。

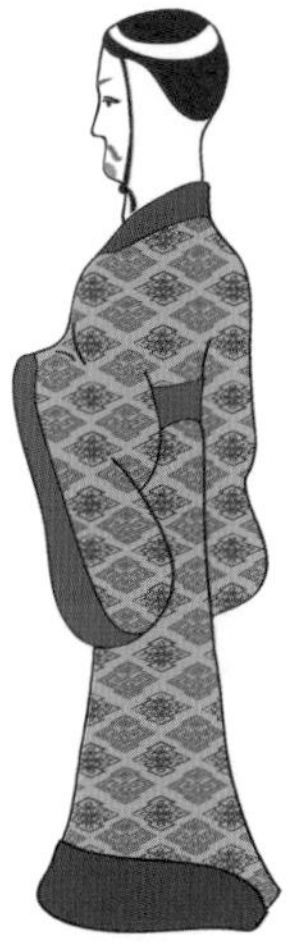

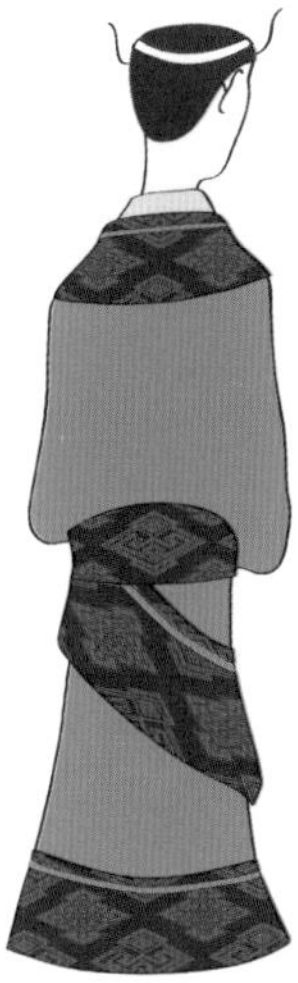

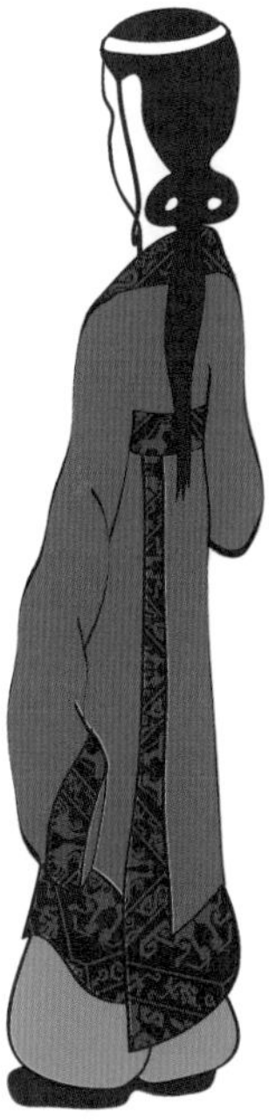

● 深衣与胡服：最具春秋战国时代感的服装

深衣：起源于东周，是一种将上襦、下裙连接在一起，上下深长的服装款式，有将身体深藏之意，是贵族的常服、百姓的礼服，男女通用。深衣分直裾和曲裾，有四种不同的名称：深衣、长衣、麻衣、中衣。这种服装款式至春秋战国时已普遍流行，同时还出现了各种上下相连的袍服。

/绣云纹、锦缘曲裾深衣女俑/

——依据湖南省长沙市楚墓出土实物绘制

此俑身着绕襟曲裾深衣，是典型的『衣作绣，锦作缘』的体现。当时不论男女，衣身面料均以绣为主，绘绣并用，而衣领、衣缘、袖口的缘边所用的『锦』，是一种色织的提花面料，或用条形的织锦，也是此时期的一大特色。衣袖有边收口，小口大袖，即后来

俗称的「琵琶袖」。正如《礼记·深衣》中所说：「袂（袖）圜以应规。」这种规制直至汉代仍保持不变。另外有袖口的深衣为「袍」，无袖口的为「衫」，穿着时腰束大带，男女同款。

胡服：即胡人的服饰，特征为衣长齐膝，腰束郭洛带，用带钩，穿靴。为短装，装束利落，便于骑射。胡服带来的最大改变是连裆裤，在此之前，汉人的袴不过是『胫衣』，直接套在腿上，类似裹腿，或者前面连腰，后面开裆。这种开裆袴只适宜着裙服，不适宜骑射和劳作，故胡服的流行在当时不仅合乎社会发展需要，还给时尚平添了一种方便与利落。

／绵袴／

——依据湖北省江陵县马山楚墓出土实物绘制

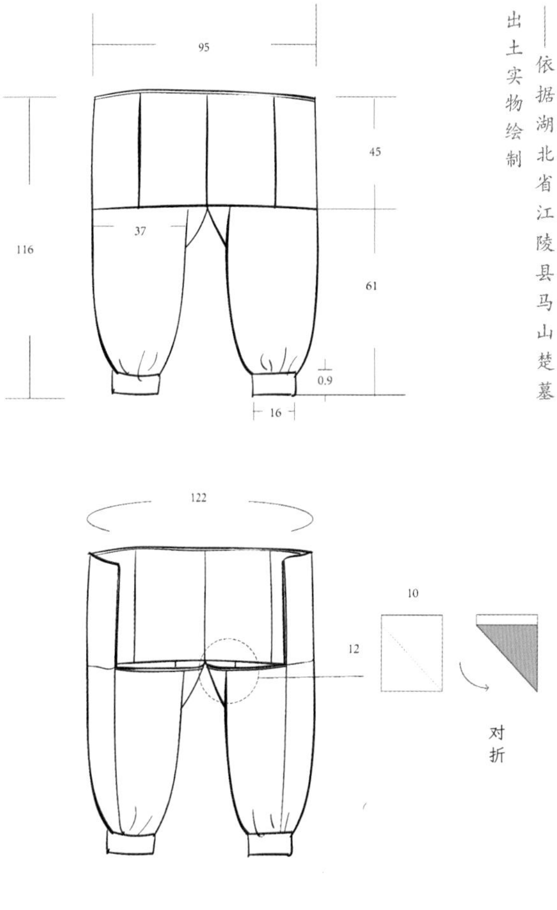

／战国时期头戴尾冠、身穿练甲的骑士／

——依据河南省洛阳市金村古墓出土实物绘制

● 胡服骑射：最牛的服装改革

因为竞争，需要战争，而开裆裤和宽袍大袖的服装不适于作战，于是战国时期赵国的赵武灵王便改革军服，吸收胡人军服的式样，废上衣下裳，改为上穿窄袖短衣，下穿有裆裤，外不加裳，便于骑马作战，史称『胡服骑射』。这一改革的直接好处是从此之后，汉人改变了过去只能穿『胫衣』的境况，而开始穿胡服的有裆裤，这不仅大大方便了生活，而且有利健康；间接的好处是提高了赵国的战斗力，使得赵国能西退胡人，北灭中山国，成为战国七雄之一。由此可见，胡服对汉服的改良功莫大焉。

/《宴乐图》中的窄袖深衣/

——依据四川省成都市百花潭出土战国铜壶图案绘制

战国时期的深衣异常丰富多样，婀娜多姿。从《宴乐图》中可见，人们穿着窄袖斜摆的曲裾深衣，腰系绅带，下着百褶裙，还戴着一顶类似现代的鸭舌帽状的帽子。

/战国玉人/

——依据故宫博物院藏玉雕绘制

图中玉人头戴冠帽，两侧有冠带结于颔下，头发于后脑处编辫上挽，置于冠内。身穿右衽袍服，腰束绅带。背部构图似乎是外衣右边衣袖并未正常穿上，而是任其垂于身后。内穿及地百褶裙。

●楚衣与楚风

地处南方的楚国，社会风貌文化风俗与北方明显不同，有着相当独特的风格。『楚衣』与东周以来齐鲁所习惯的宽袍大袖有明显的区别，特征是男女衣着多趋于瘦长，领缘较宽，绕襟旋转而下，衣多华丽，红绿缤纷，衣上有满地云纹、散点云纹、小簇花等图案，必作印、绘、绣等不同装饰工艺，边缘饰以规矩纹样的织锦。衣身面料较薄，边缘则使用较宽而厚重的织锦，这样才不至于缠裹身体，妨碍行动，又体现了『衣作绣，锦作缘』的时尚感。

/身穿云纹绣衣的楚国贵妇/

——依据湖南省长沙市陈家大山楚墓出土帛画绘制

屈原《离骚》：『制芰（音同既）荷以为衣兮，集芙蓉以为裳。不吾知其亦已兮，苟余情其信芳。高余冠之岌岌兮，长余佩之陆离。』《涉江》：『余幼好此奇服兮，年既老而不衰。带长铗之陆离兮，冠切云之崔嵬。被明月兮佩宝璐。』想来戴着高高的切云冠，佩着美玉，一生好穿奇装异服的屈原，正是楚国的时尚代言人。

／身穿大袖深衣，头戴切云冠的楚国男子／

——依据湖南省长沙市子弹库楚墓出土帛画绘制

•龙凤：最流行的春秋战国纺织品纹样

春秋战国时期百花齐放，百家争鸣。这样的社会风气反映在纺织品纹样上，便出现了后来引领中国时尚千百年的标志化图案，如最流行的龙凤纹样，寓意宫廷昌盛、婚姻美满；鹤与鹿纹样，象征长寿；翟鸟是后妃身份的标志；鸱鸺（音同吃修）（猫头鹰）象征胜利之神。这些纹样多用于刺绣。因受提花工艺限制，战国时丝织品纹样多用菱纹、方棋纹、复合菱纹等，或在几何纹内填充人物、车马、动物等的变体纹样。

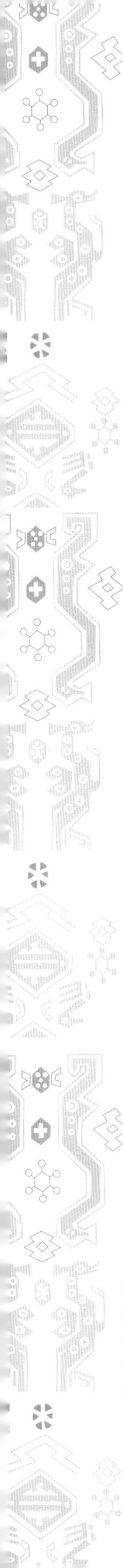

几何对龙对凤文锦

/鸱鸺纹贵族大袖式绣衣/

——依据战国楚墓出土实物绘制

如前所述，古人称有袖口的深衣为『袍』，无袖口的为『衫』。故此件绣衣就是一件袍服。

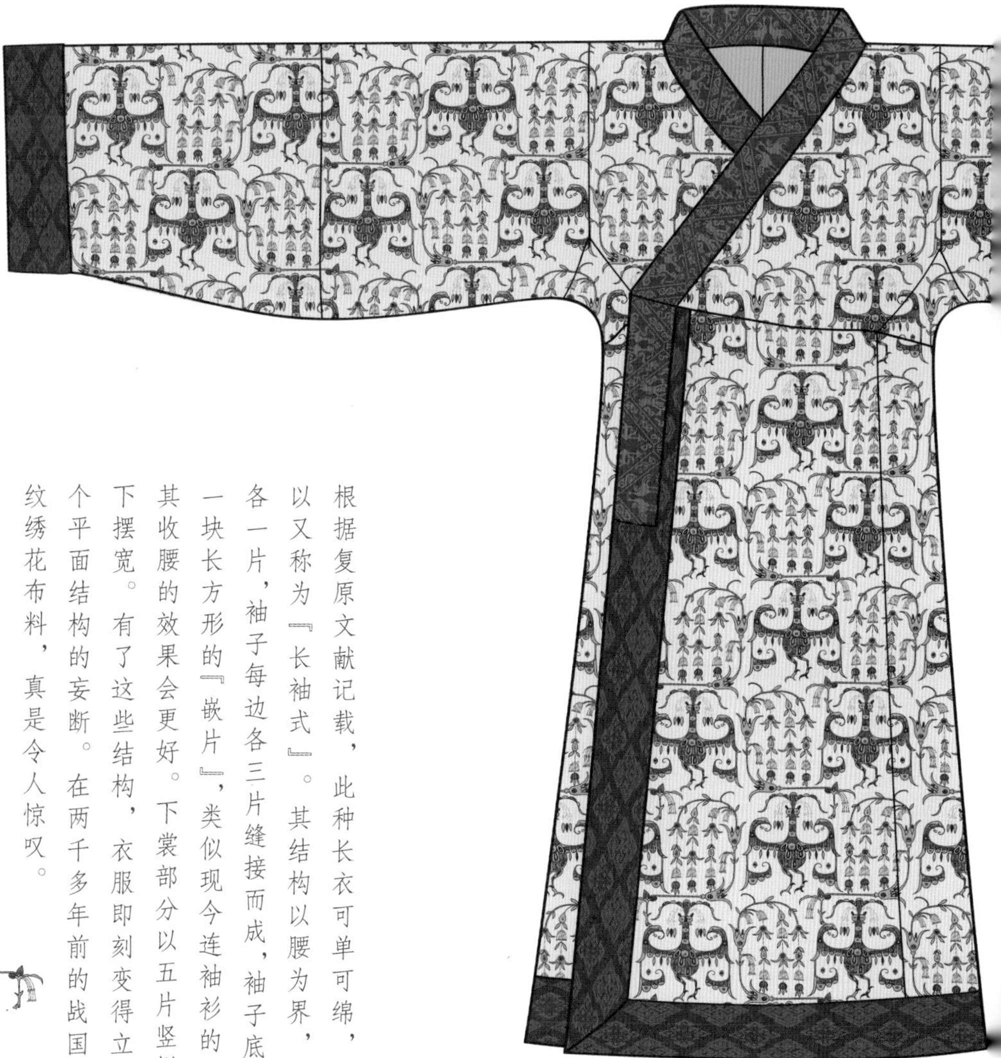

根据复原文献记载，此种长衣可单可绵，两袖平展达二点五米至三点五米之间，所以又称为「长袖式」。其结构以腰为界，上下分裁，再组合缝接为一体；衣身左右各一片，袖子每边各三片缝接而成，袖子底缝呈鱼肚状，收袖口。腋下嵌入「小要」（即一块长方形的「嵌片」，类似现今连袖衫的「袖底插角」）。若这个裁片的布纹是斜纹，其收腰的效果会更好。下裳部分以五片竖拼，每片上窄下宽，拼接起来可显腰部细，下摆宽。有了这些结构，衣服即刻变得立体化，令人一扫过去认为中国服装只是一个平面结构的妄断。在两千多年前的战国时代，中国就出产了如此细腻精美的鸱鸺纹绣花布料，真是令人惊叹。

鸱鸺绣纹象征胜利之神

／龙、凤、虎纹贵族宽袖式直裾绣衣／

——依据战国楚墓出土实物绘制

此件袍服为短袖宽口，肩袖平直，领口和袖口以条状织锦做装饰，此乃战国时期的典型特征和特有的装饰手法，一直延续至两汉时期。制作方法仍然是上衣下裳分裁，再缝合，腋下有「小要」，下裳为六至十二片布幅拼接缝合。同属看似平面，实为立体的服装结构。

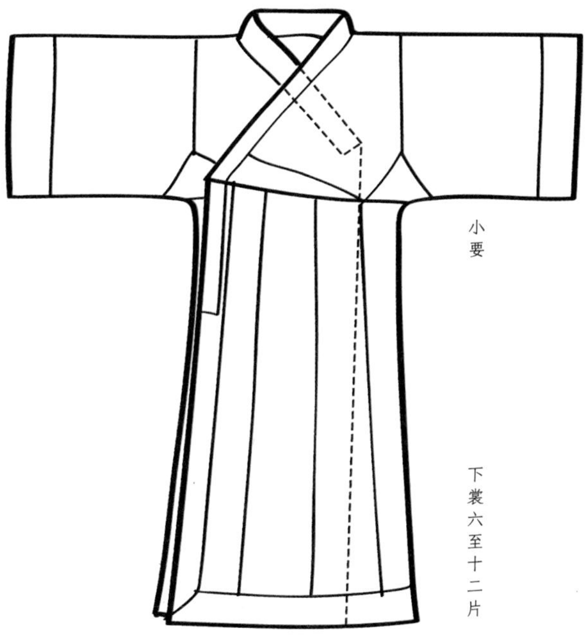

龙、凤、虎纹绣花

直领对襟

/红棕色绢地凤纹绣绒衣/

——依据湖北省江陵县马山一号楚墓出土实物绘制

绒衣也是一种外衣，亦可看作袍服。此件楚地流行的短袖绒衣为直领对襟，后领口凹下，平面剪裁，利用上下、左右对折构成一件服装，领口、衣缘及袖口加上缘边。这种裁剪方法非常巧妙，且服装款式风格极简，十分接近现代的服装式样。

后领口凹下

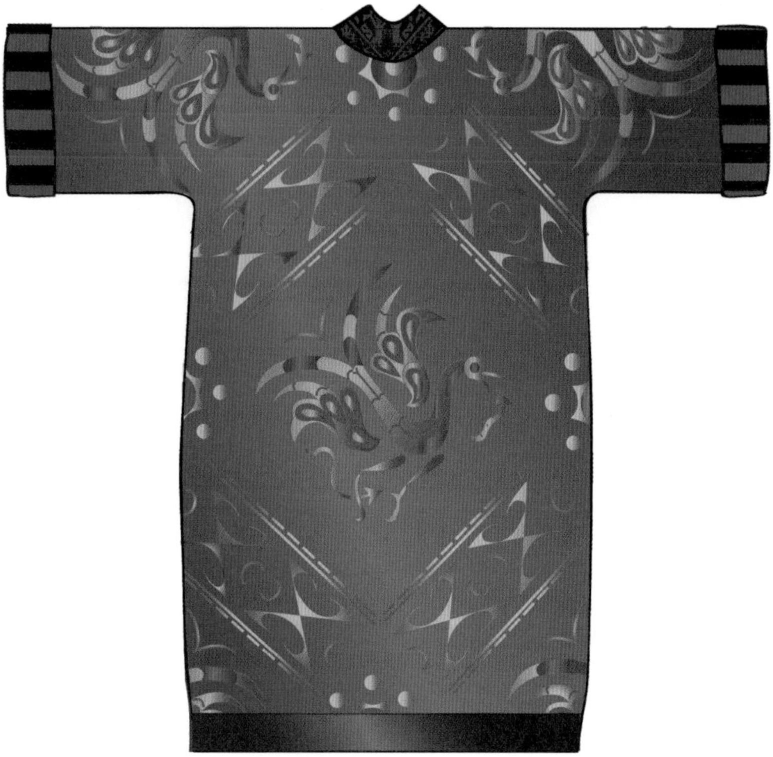

折叠步骤：

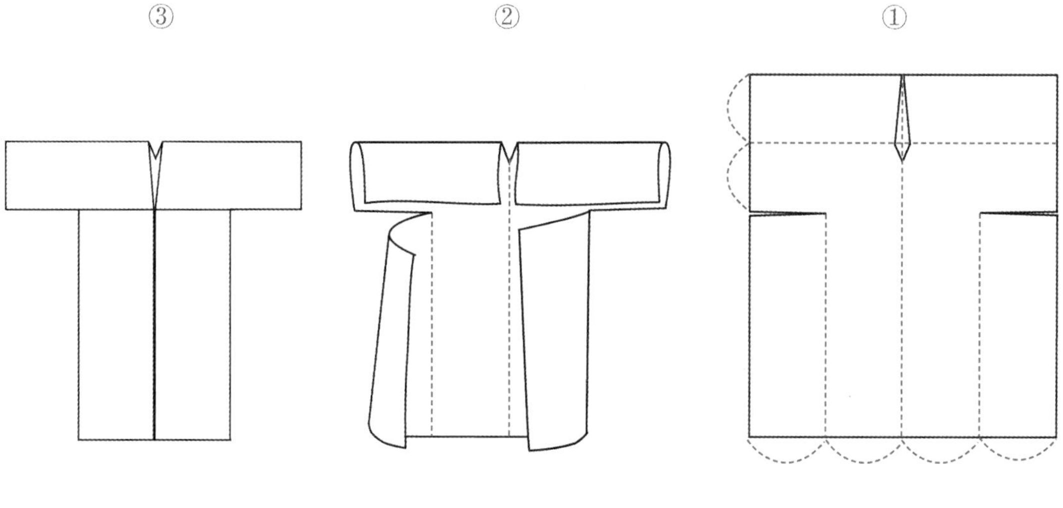

/素纱绵衣/

——依据湖北省江陵县马山一号楚墓出土实物绘制

此件素纱绵衣也许是中国首件有肩斜的衣服。肩袖部分不像以往认知的十字形结构的服装，平展后肩袖呈一字形，而是向下倾斜，与人体自然平展双臂的角度接近。衣服整体以上衣下裳两大部件组合缝成，腰缝以上用八块布片对称缝合，后中缝为斜拼，令肩部形成向下倾斜的角度，因此称为正裁斜拼。腰部以下为八幅竖拼，幅片均正裁，领缘及袖缘均斜裁。袖口较窄，交领右衽，后领下凹，衣内夹有丝绵絮，里布的裁剪方式与面布一样。

这种斜肩服装穿着非常舒适，面料用极细薄的平纹纱，不饰纹彩，内夹丝绵，其柔软度可想而知。据沈从文先生考证，此衣可为小衣（内衣）。

中国古代的穿衣顺序由内而外是：小衣、中衣、外衣。这件素纱绵衣属于内衣。

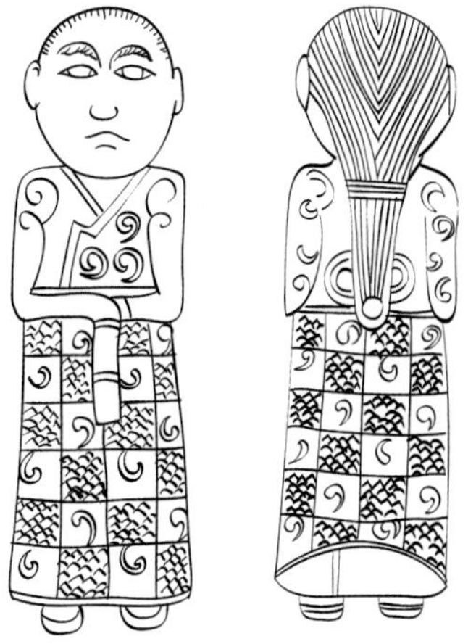

/矩领襦裙/

——依据战国墓出土实物绘制

此玉人的装束应为早期的襦裙款式。但见其身穿窄袖右衽矩领衣、云纹格子襦裙，上衣也绣有云纹，仍为『衣作绣，锦作缘』风格。裙摆前长后短，露出内裙。值得注意的是，与其他上衣下裳穿着方法的不同之处，在于其穿着襦裙时下裳是系在上衣之外的。而矩领也是当时的流行领型之一。

穿矩领窄袖衣，腰束绅带，下配裤子，是这一时期平民的流行服饰。

●玉佩：尊贵身份和高尚品格的象征

先秦时期，佩玉是一种时尚潮流，上至王室贵胄，下至平民百姓，人人佩玉。有商一代，玉雕工艺日益发展，各种精美的线雕、透雕、高浮雕及圆雕艺术品层出不穷。西周更确立了『礼制玉』，士大夫添油加醋地渲染玉有七德或十德之说，使社会兴起佩戴小件玉佩之风气。上层社会不论男女，均须佩戴几件或成组列的美丽玉雕，以表明『君子无故玉不去身』。

●先秦时期的佩玉规范

据《礼记·玉藻》记载，佩玉须遵循严格的礼制规范：天子佩白玉，公侯佩山玄玉，大夫佩水苍玉，子佩瑜玉，士佩瓀玟。此外，佩玉有多种形式，一般多为成串的组合，有全佩（即大佩，也称杂佩、珩璜，就是由珩、璜、琚、瑀、冲牙等组合起来的隆重玉佩）、组佩以及礼制之外的装饰性玉佩。一般而言，组玉佩是贵族身份的象征，身份越高，组玉佩便越长越复杂，身份越普通，玉佩也就越简单和短小。

玉佩戴在身上，走起路来发出悦耳之声，『行则鸣佩玉』，而用于组玉佩下部的『冲牙』，据称是用来矫正步伐的。想来佩戴组玉佩的人走起路来必须四平八稳，这样才像个君子吧。

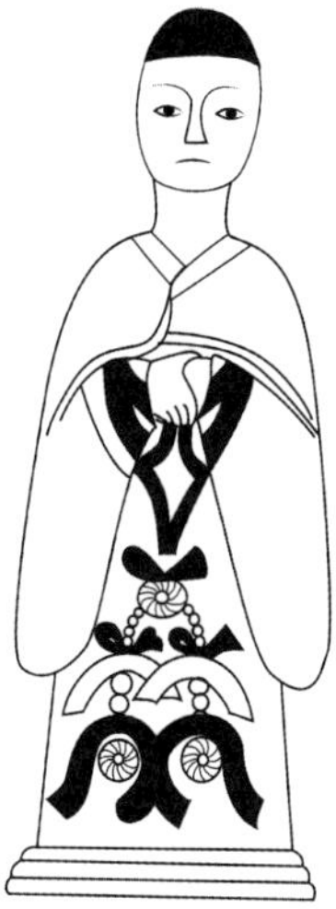

/挂组佩的执事俑/

——依据河南省信阳市楚墓出土实物绘制

组佩是将数件佩玉用彩线串联后悬挂在革带上的一组玉佩。这个执事俑身穿大袖衣，佩挂组佩，可见身份尊贵。

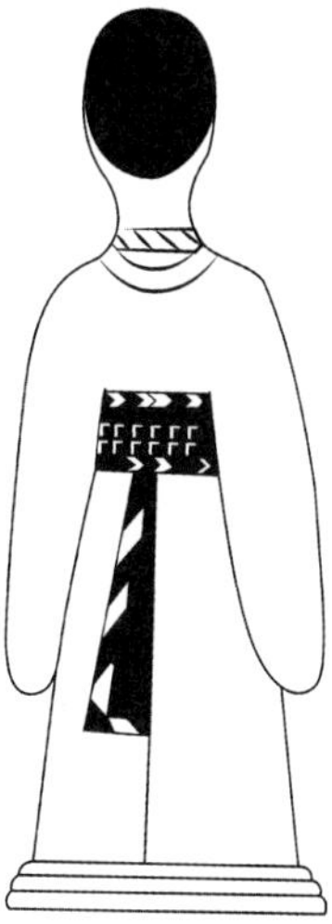

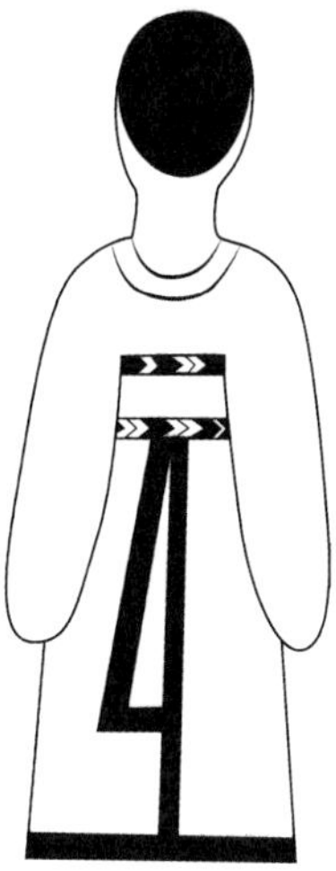

/金链舞女组玉佩/

——河南省洛阳市金村古墓出土玉佩，现藏于美国弗利尔美术馆

这副全长四十二厘米的战国精美组玉佩，构思之巧妙，工艺之精湛，堪称迄今为止所有玉佩中艺术水平最高之作品。它以金链贯穿由玉质舞女及璜、管、冲牙等共十块美玉组成的佩饰，冲牙为双首龙形，双璜为龙形。其中玉雕舞女是主体。玉雕中的两个舞女短发覆额，两鬓下垂并卷曲，身穿长袖曲裾衣，衣缘有锦边，宽带束腰，各扬一袖于头上做起舞状，形象生动，刻画细腻，恰似《史记》中描写的『揳鸣琴，蹑利屣，游媚公卿间』的燕赵美女。此组佩可挂于颈部，垂于胸前。

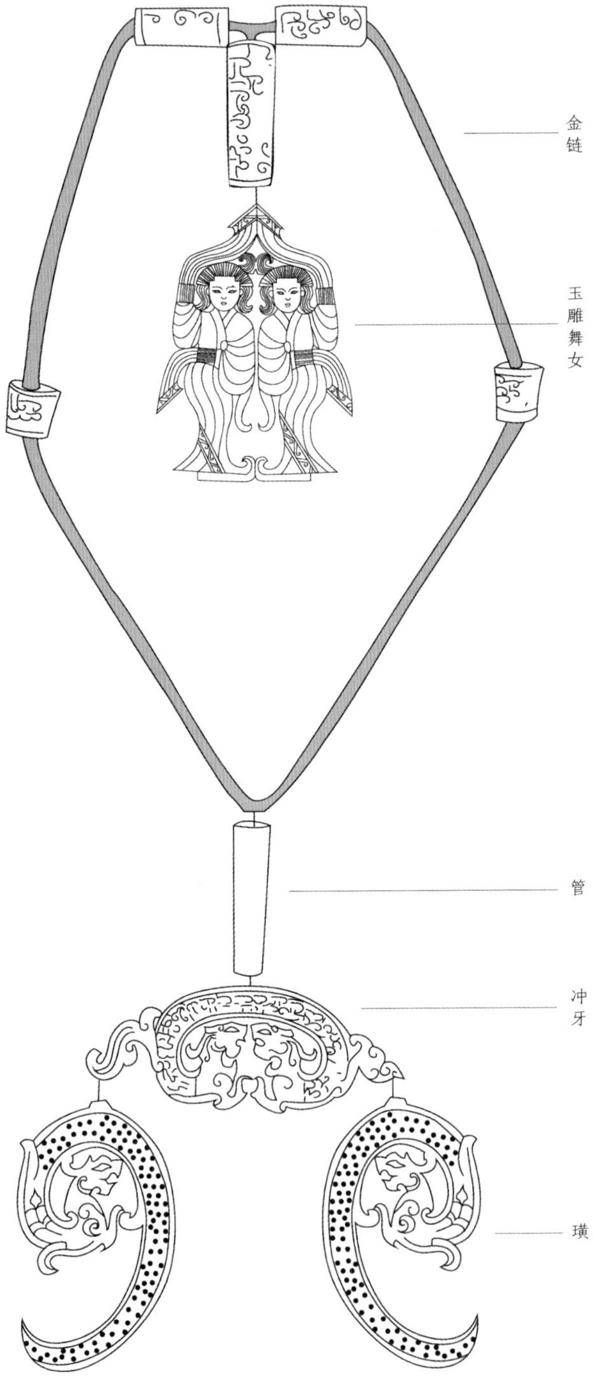

/穿长袖曲裾衣的战国舞女/

——河南省洛阳市金村古墓出土玉雕，现藏于美国弗利尔美术馆

此玉雕为单人舞女，服饰与金链舞女玉雕基本一致。但见这个舞女身穿长袖曲裾衣，腰束宽带，头顶帽箍，垂发平齐，舞姿曼妙。

● 争奇斗艳的带钩

带钩起源于周朝，流行于春秋战国时期。胡服的流行使腰带的款式由过去的大带演变为革带，于是相应的配饰——带钩，成为不可忽视的时尚配件。各种材质和款式的带钩出现在贵族士大夫的腰间，成为争奇斗艳、攀富比贵的身份象征，每逢宴饮聚会，『宾客满堂视钩各异』，王公贵族们相互瞄着对方的腰间，明争暗斗着看谁的带钩样式更新颖，材质更宝贵，一时间争奇斗艳、相互攀比的奢华浮夸之风弥漫于整个上流社会。

犀牛形带钩

/青铜持灯俑/

——依据河北省平山县中山王墓出土实物绘制

此俑头系方巾，左侧打花结，巾带系于颌下。身穿右衽大袖曲裾深衣，袖口、衣缘镶有锦边。腰束革带，以带钩相连接，完全是一个战国时期时尚人士的打扮。

带钩一般用于皮制的腰带上，以金、银、玉、犀、铜、铁等各种材质制成，呈弧状，与人体的腰部弧线相贴，算是最早的符合人体工学的饰品设计。

带钩底部有突出的圆钮，使用时将圆钮卡入带子的一端，另一端则用钩子勾住，非常方便。

带钩的出现轻松美观地解决了革带的系结问题，同时为男士添加了一个突显身份的饰品，堪称功能性和装饰性兼备的服饰。带钩除了用于腰上，还可用在肩上钩挂衣领，这种实例至今仍见于和尚穿的袈裟上。

/战国跪坐持灯俑/

——依据河南省三门峡市战国墓出土实物绘制

这个手持灯具跪坐的男子，身穿窄袖曲领短袍服，腰系革带，用带钩扣紧，下着袴，足蹬小短靴。其服装样式明显受胡服影响，并首次出现了曲领款式的袍服。此种款式后来在东汉至魏晋时期广为流行。

锦绣深衣
秦风汉随

贰

公元前二二一年至公元二二〇年

秦朝：公元前二二一年至前二〇六年

两汉：公元前二〇六年至公元二二〇年

服饰特征

形：

官方正装：上衣下裳。

流行服饰：深衣、袍服，『衣锦褧衣』（锦袍外罩纱衣）。

色：

官方用色：秦尚黑，汉尚黄，只有朝贺与祭祀时才穿黑色礼服。

流行色：黑色配五彩。

军队用色：五彩铠甲。

织：

流行衣料：锦、绣、绮、縠（绉纱）、麻。

饰：

官方配饰：戴冠（通天冠、进贤冠）、弁（音同便），佩绶、佩玉。

时尚配饰：男子佩玉、带钩，戴巾、帻；女子插步摇、簪、梳篦。

时代关键词

秦始皇统一天下，『兼收六国车旗服御』；汉承秦制，建立舆服制度。

服装大事件

公元前二二一年，秦始皇统一六国，实行举国上下的大一统改革，迎来了中国车马仪仗服饰空前统一的新时代。

汉承秦制，社会稳定，经济发展，大一统的封建帝国进入成熟期。汉朝建立了舆服制度，服饰的官阶等级区分日趋严谨。

秦朝开千年统一之风，简化固定官服制度

- 玄衣纁裳：秦朝官员的祭祀大礼服

秦朝是中国历史上第一个统一王朝，命短，故未来得及制定完整的冠服制度，只明确规定了官员的祭祀服装。秦始皇在统一后『搅其（六国）舆服』，废除以往冠服制度的六冕，只采用一种祭祀礼服，即大礼服『玄衣纁裳』。规定三品以上官员穿绿袍，平民着白袍。官员头戴高山冠、法冠和武冠；身穿宽袍大袖，腰配书刀（在竹木筒上刻字或削改的刀具），

手执笏板（上朝用的记事工具），耳簪白笔，佩绶。当时的男子多以深衣、袍服为贵，袍服的样式以大袖收口为多，镶锦边。

● 内衣外穿：秦朝开风气之先

贵族妇女的着装永远是时尚的风向标。秦代的皇宫妃嫔夏天穿『浅黄藂罗衫』、披『浅黄银泥云披』，配以芙蓉冠、五色花罗裙、五色罗小扇和泥金鞋，风格华丽。秦代还开创了一种内衣外穿的风气，即将原本的内衣——一种絮棉的夹袍，直接当成外衣穿，穿时无须再在外面罩一件外衣。这种穿着习惯到了汉代逐渐流行并固定下来，很多妇女时兴把袍服当作外衣穿，袍服从此由内衣演变为外衣。

一式铠

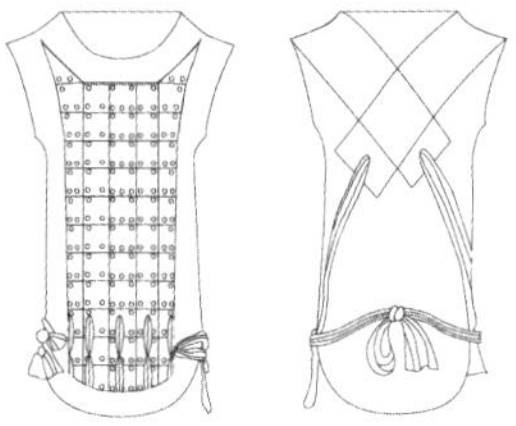

二式铠

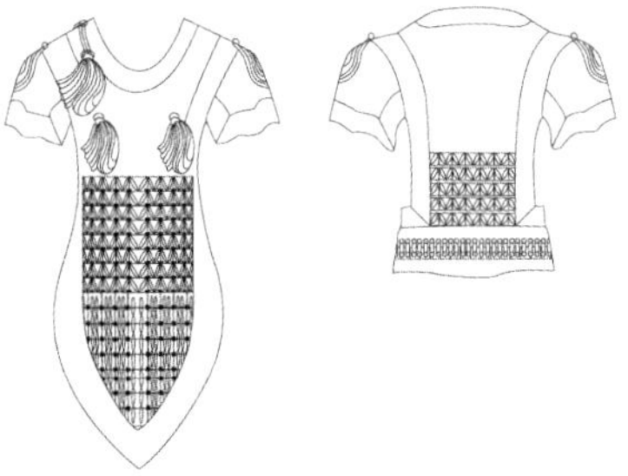

三式铠

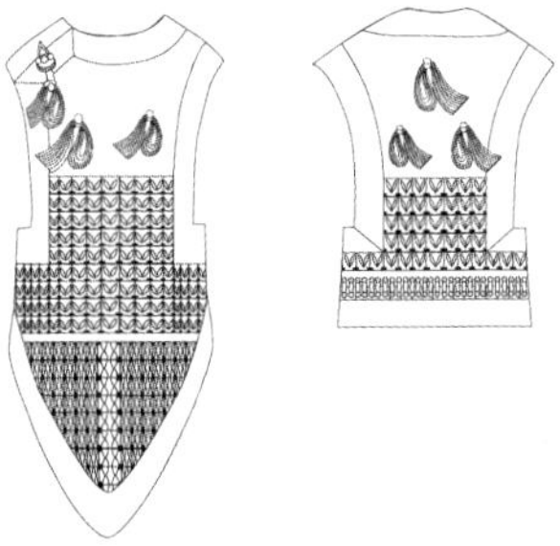

●披红挂绿的秦朝大兵

秦朝的平民男女衣着皆为交领长衫，右衽，窄袖，衣缘与腰带多为花纹精致的彩织。男子或束发髻，或戴小帽、巾子；女子则后垂银锭式发髻。

秦朝服饰对后世影响最大的是军服——兵马俑的服饰。兵马俑不但反映了早期中国的军队面貌，从中亦可见当时男性服饰的特点。秦虽尚黑，但只限于朝贺和祭祀时才穿黑色礼服，秦朝的将军和士兵的装扮可都是披红挂绿、色彩鲜明的。

四式铠

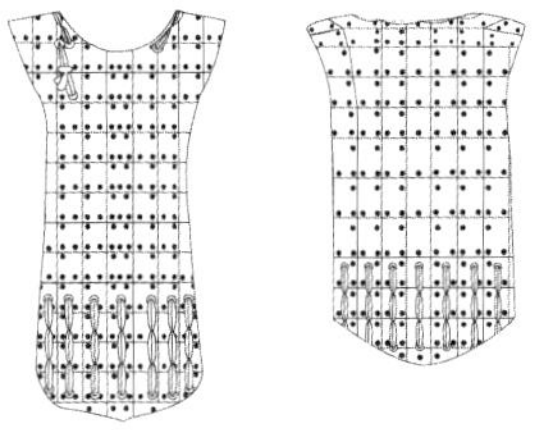

五式铠

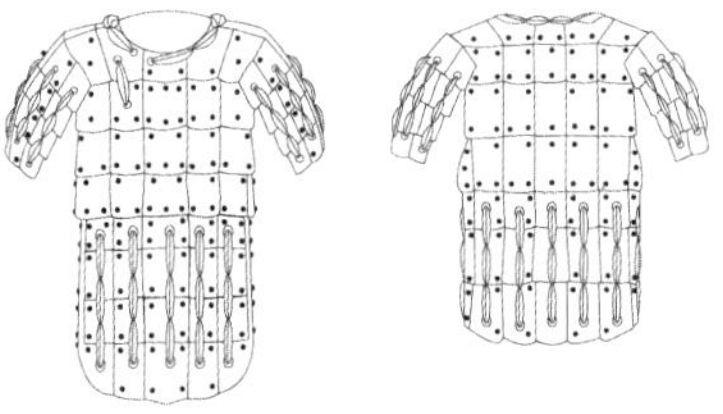

六式铠

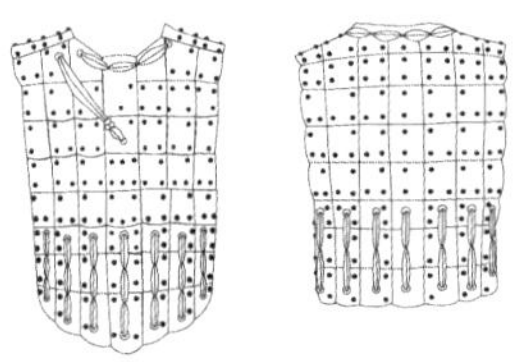

七式铠

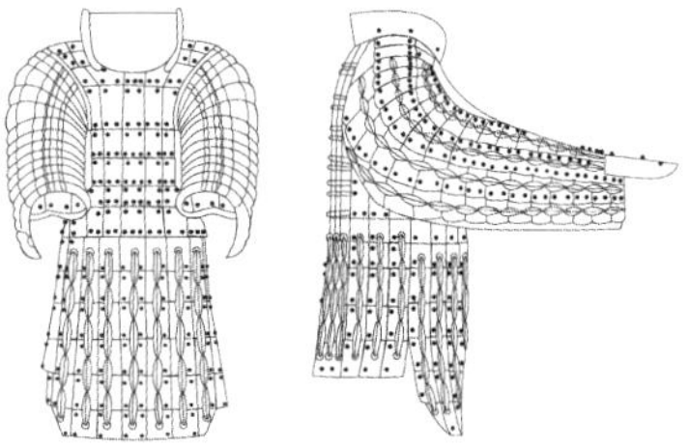

／将军俑／

——依据秦始皇帝陵出土陶俑绘制

此俑身穿双重长襦，外罩彩色铠甲，下着长裤，脚穿方头翘尖鞋，头戴深紫色鹖冠，冠带打八字结系于颌下。身上所披鱼鳞甲的边缘镶以矩纹锦制作的宽边，甲片赭色，甲钉、连甲带为红色，甲衣肩顶部周围绣有花纹，并有彩带扎的花结。色彩缤纷的战袍为严肃的将军平添了些许轻松平和的气质。

/跪姿俑/

——依据秦始皇帝陵出土陶俑绘制

彩色短袍服、裤和头巾的装束已成为秦国强悍男性的象征，再外罩一件铠甲，一个普通人就变身为勇士了。秦军的甲衣是依兵种作战时的实用性能而配备的，并以冠饰形式和甲衣色彩区分官兵地位。原来古代的戎装是五彩缤纷、鲜艳夺目的。

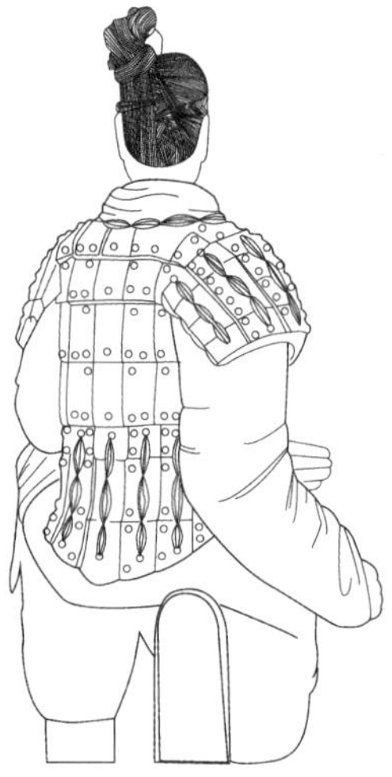

/战车驭手俑/

——依据秦始皇帝陵出土陶俑绘制

此驭手头戴长冠，身着长襦，下着袴，足蹬浅履，好不英姿飒爽，意气风发。

● 妖娆多姿的秦兵发式与巾帽

秦军不论兵将，发型都很特别。束发前先将头发编成各种辫子，之后再束起来，戴上帽或冠。据《战国策·韩策》记载，秦军打仗时不戴头盔，非常骁勇，莫非要秀他们引以为傲的妖娆发式？而六国军队打仗则要披甲戴盔，但还是打不过梳着各种小辫子的秦军。

汉承秦制：汉武帝完善冠服制度

西汉初期仍采用秦朝的黑衣大冠祭服，此外并未出现系统化的服饰制度。直至汉武帝即位才制定了完善的官服制度，服尚黄，数为五，首次将儒家学说全面融入华夏衣冠制度。从此，服饰上的等级区分得到了制度化的固定，以服装判断官员官阶的高低等级，可谓一目了然。

/东汉簪笔文官像/

——依据山东省沂南市汉墓出土石刻绘制

像中官员戴梁冠（进贤冠），穿袍服及束脚宽腿裤，佩绶。

/朝服垂双绶图/

——依据敦煌壁画人物绘制

● 褒衣大绍：汉代官服的样貌

汉朝男性的祭祀礼服依然是衣裳制，朝服则采用深衣制。深衣式的朝服，式样无差别，衣料及色彩有差别，红为上，绿次之。其特点为『褒衣大绍』，即宽衣大袖加大裆裤。

值得一提的是，汉代女子的礼服也采用深衣，可见深衣男女通用。深衣中有一种轻薄的无里单衣，称为禅衣，《说文解字》曰：『禅，衣不重也。』《释名·释衣服》：『禅衣，言无里也。』直裾而宽大的禅衣称为襜褕（音同掺于），至东汉，襜褕演变为正式礼服。

● 冠服佩绶：官可貌相的基本标志

汉代舆服制度的重点是冠冕制，其次为佩绶制。二者搭配，则官可貌相，看一个人头上戴的帽子和腰间挂的绶带，即可判断他是多大的官。

一、冕冠：是搭配帝王臣僚的礼服——冕服的隆重冠式，多用于正式场合，如祭祀、朝会等。

二、长冠：以竹为胎骨，外用漆纱糊制，形如鹊尾，俗称『鹊尾冠』，源于楚国旧制，

/东汉武士像/

——依据山东省沂南市汉墓出土石刻绘制

像中武士戴漆纱笼冠，穿大袖衣、大口袴，佩虎头鞶（音同盘）囊，系绶，佩剑。

鹊尾冠

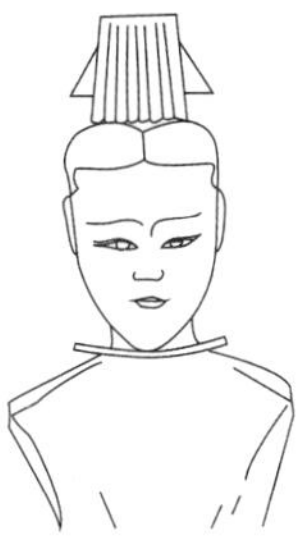

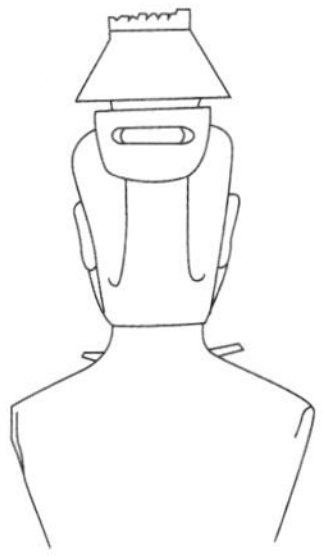

冕冠

西汉时被定为公乘以上官员祭服之冠式。

三、漆纱冠：多为武士所戴。至南北朝时期已流行六百余年，式样一直延续到明代。

四、佩绶：佩指身上的玉印；绶是悬挂印佩的丝带。从秦汉时期开始，华夏族就有了佩挂组绶的礼俗：组是官印上用丝线编织成的带子，绶是用彩色丝织成的长条形饰物，盖住装印的革囊或系于腹前及腰侧，故称印绶。绶以颜色、长短和头绪分等级，绶带越长，身份越高，这种礼俗自东汉一直延续至明代。

汉代文官还有一种特别的簪笔制度。官吏以往奏事时必须书写于奏简上，写完后笔无处放，便顺手插在耳边。后来，原本出于权宜之计的这种插笔方式，演变为御史或文官的身份标志。插笔变成了簪笔，所簪之笔不再用于书写，而成为一种徒具形式、表明官职的装饰品。

● 深衣：最时髦的汉代平民流行常服

深衣是汉代的潮流服装。西汉的平民男女大多着深衣，形制多为上衣下裳分裁合缝，连为一体。着衣顺序由内而外为内衣、中衣、外衣，领袖缘口重叠显露在外，成为定型化的套装。下着紧口大袴，脚蹬歧头履，腰间束带。而上下通裁通幅的袍服，西汉时期并不普遍，至东汉时才逐渐流行，形成制度。深衣到了后期只有女性穿着，男性则以穿袍为主了。

● 裤子的革命：从无裆到有裆

汉服的裤子早先是无裆的两条裤管，名为袴或胫衣。后来学习马上民族胡人的服装优点，将士骑马打仗改穿全裆裤，名为大袴。汉昭帝时，大将军霍光专权，上官皇后是他的外孙女。为了阻挠其他宫女与皇帝亲近，皇后买通医官，以爱护汉昭帝身体为名，命宫中妇女都穿上有裆并在前后用带系住的『穷裤』，也称『绲裆裤』。此后有裆的裤子因为皇后的吃醋而流行了起来。汉代男性所穿的穷裤，有的裤裆很低，穿时露出肚脐，没有裤腰，裤管肥大。

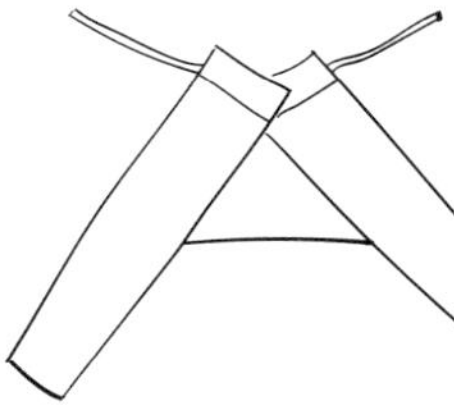

／深衣：上衣与下裳一体／

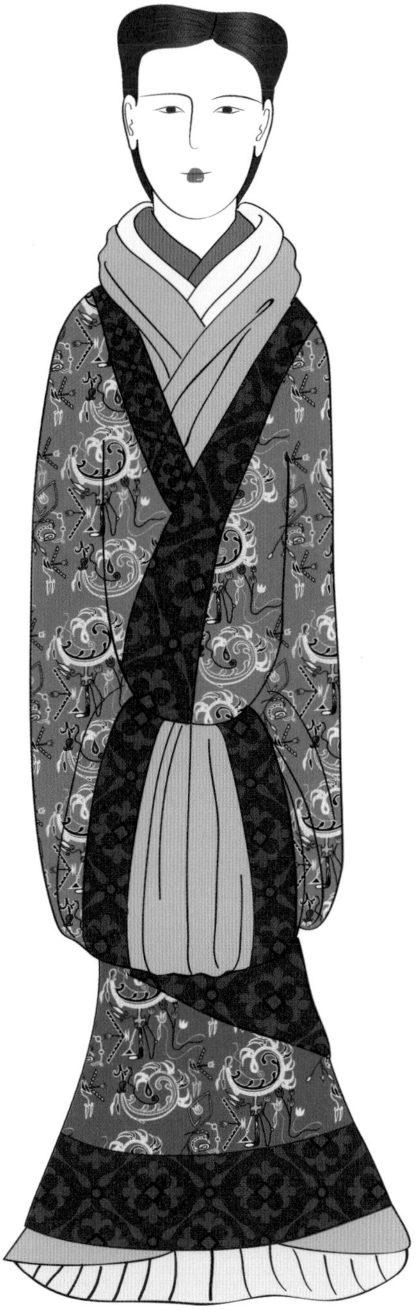

——依据新疆民丰尼雅精绝国遗址出土实物绘制

/西汉灰陶加彩侍女俑/

——江苏省徐州市江山汉墓出土，现藏于南京博物院

此图依据出土女俑绘制。此侍俑身穿曲裾深衣，外衣领口较低，露出多重内衣的领子。从衣料纹样可见西汉的深衣依旧是『衣作绣，锦作缘』。

／汉代绣品：花卉流云纹织物／

此面料出土于西域。面料特征为在豆绿色的平纹地上，用锁绣针法分别以各色丝线绣出忍冬、茎叶、藤蔓和花蕾等经过变化的植物纹样。纹样的设计富有装饰意味。忍冬纹又称卷草纹，它和莲花都是我国古代装饰纹样中最早见到的植物纹样。以自然花草作为欣赏对象，是汉代流行的一种风格。

/西汉著名贵妇：辛追夫人/

——依据湖南省长沙市马王堆一号汉墓出土帛画绘制

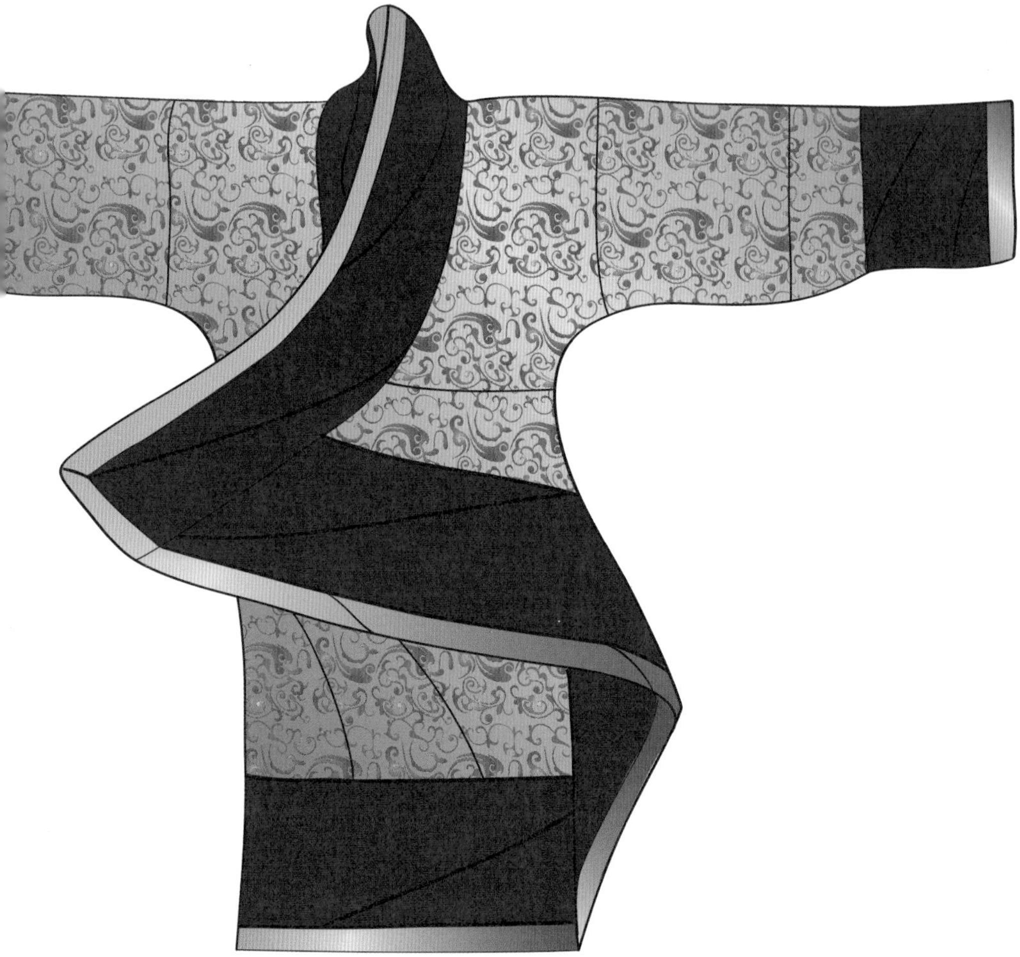

/妖娆的『信期绣』曲裾深衣/

——湖南省长沙市马王堆一号汉墓出土，现藏于湖南省博物馆

随着马王堆汉墓的开挖，墓主人辛追夫人成为西汉最有名的贵妇，连同她一起出土的几件精美服装，也成为西汉最具影响力的服装。

这件美丽的『信期绣』曲裾深衣为上衣下裳分裁连属制，上衣五幅面料正裁，下裳面料分四片直裁后斜拼，下摆缘边的面料也采用斜裁的方式。下裳的腰线呈向上的弧线，与上衣连接后下裳的下摆微呈喇叭状，而与领缘拼接后前衣片呈三角形，是为『衽』；穿着时将『衽』绕到身后用绅带束紧，所谓『绕衿谓之帬（音同群）』也。古代的穿着方法是将前衽绕到身后，再系带子，故绕到后边的部分称为『帬』。汉代曲裾袍服的衣缘边比先秦时宽，但衣袖并不大，袖子下方呈弧形。衣身面料为一种名『信期绣』的丝织品。

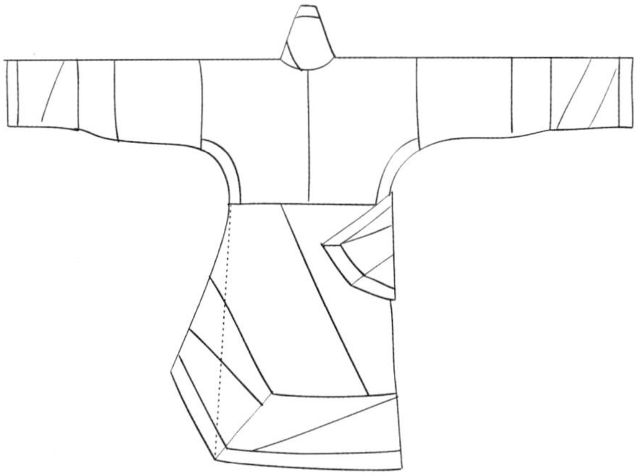

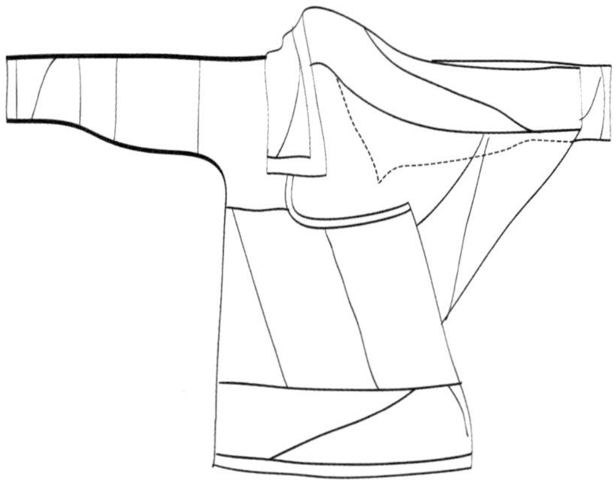

/汉代绣品：信期绣织物/

汉代流行用锁绣针法刺绣。这种绣法富有立体感，装饰性强，称为信期绣。绣品中的云纹是汉代流行的刺绣纹样。

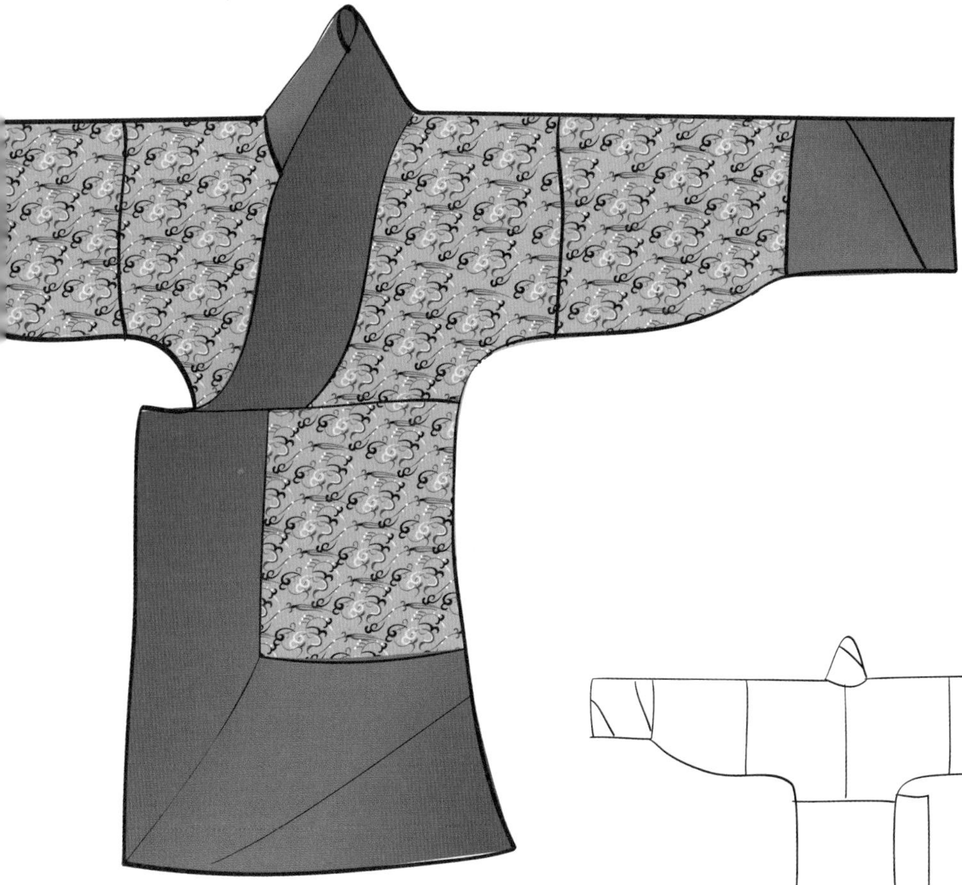

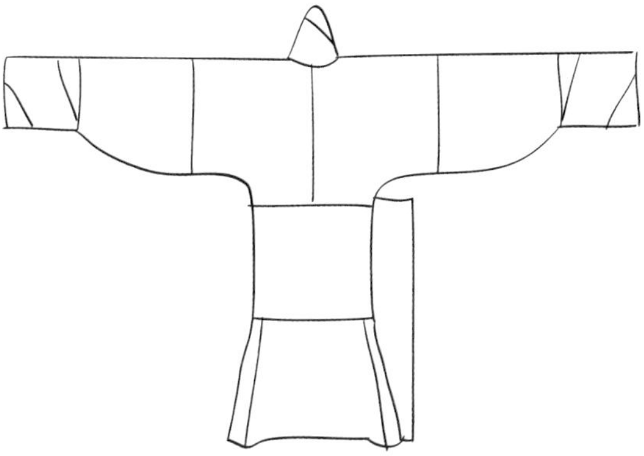

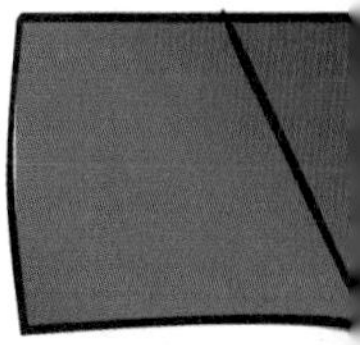

/襜褕：印花敷彩纱直裾袍/

——湖南省长沙市马王堆一号汉墓出土，现藏于湖南省博物馆

襜褕是一种无里、直裾而宽大的深衣。这件轻薄的印花敷彩纱直裾袍就是辛追夫人的襜褕。

此衣的面料是采用新技术制作的印花布，而先秦时期的衣料一般是手绘加刺绣或织锦。最早的印花技术据记载出现在西汉，辛追夫人的襜褕证实了这一点。

西汉的直裾单衣，均为上衣下裳连属制，上身四幅正裁拼接，下裳三幅正裁拼接，拼接时，门襟与里襟都有重叠的裁量，加上加宽的领缘和摆缘，制作时将面和里衣襟接长一段，穿时折向后身，垂直而下，成直裾状。领缘、摆缘和袖缘均为斜裁，摆缘的侧缝线做斜向外的处理，使整件衣服的下摆呈喇叭状，改善了直裾袍服的平板的感觉，同时方便行走。

汉代时不论是曲裾还是直裾袍服，袖缘、领缘、摆缘都比较宽，均为斜裁。斜裁或斜拼赋予衣服伸缩性和立体性，同时取得了审美与功能的平衡。两汉之后这种裁剪方式就消失了，服装结构趋向一体化和平面化。

/印花敷彩黄纱面料/

——依据湖南省长沙市马王堆汉墓出土织物绘制

印花布最早出现在西汉时期，当时采用的是凸纹铜版印花技术。这幅面料也许是我国最早的印花布。

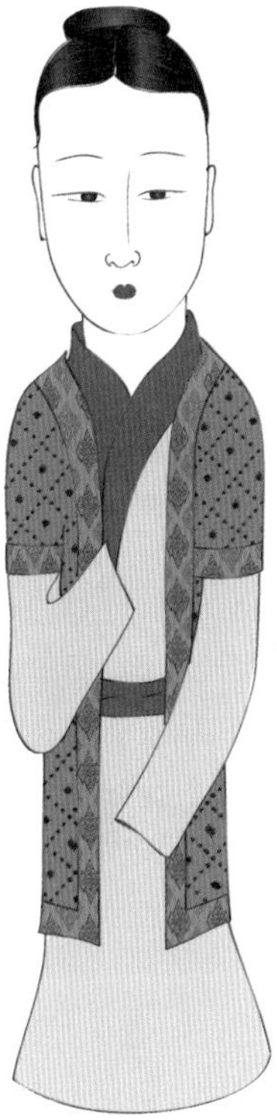

／侍女与『冠人』：马王堆出土的平民／

／侍女／

——湖南省长沙市马王堆三号汉墓出土，现藏于湖南省博物馆

这是一位地位较高的贴身侍女，内穿交领右衽窄袖长袍，外穿对襟半臂长襦，面料有绘绣纹样，衣缘为织锦，是典型的『衣作绣，锦作缘』式样。她身上的这件半臂衣也许是最早出现的对襟半臂长襦，又名『绣镼』，即妇人半臂绣衣，与春秋战国时期的緧衣很相似，是两汉时期流行的女式刺绣装饰性外衣。在汉民族服饰中，这种形式的着装搭配一直沿用至明代。

／『冠人』／

——湖南省长沙市马王堆一号汉墓出土，现藏于湖南省博物馆

此人是辛追夫人的贴身阉侍，身穿右衽曲裾织锦袍，头戴鹊尾冠，足蹬圆头履。冠帽的结缨在下颌处与一根木条系在一起。这根横向的木条与竖向的冠形成一种有趣的视觉效果，令这位贴身男仆看上去有点另类。

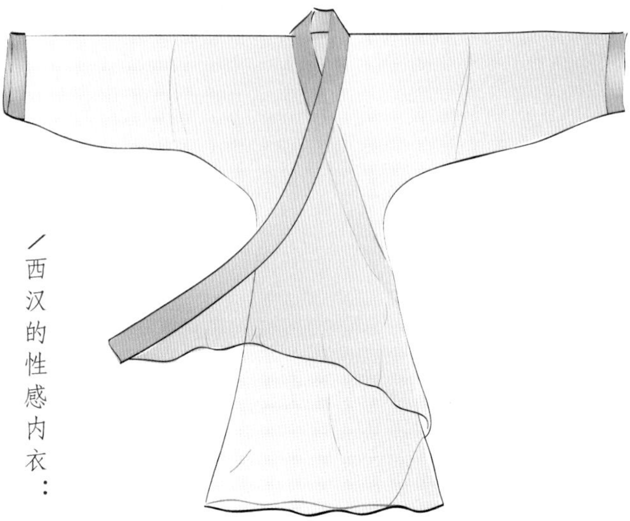

/西汉的性感内衣：素纱曲裾禅衣/

——湖南省长沙市马王堆一号汉墓出土，现藏于湖南省博物馆

禅衣即『无里』之单衣。辛追夫人的这件右衽曲裾禅衣，衣料薄如蝉翼，轻若雾霭。衣长一百六十厘米，通袖长一百九十五厘米，袖口宽二十七厘米，腰宽四十八厘米，下摆宽四十九厘米，领缘宽七厘米，重四十八克，是现存年代最早、最轻、最薄的衣服。从此衣的尺寸判断，应为贴身内衣。可见貌似拘谨的中国古人，在汉代就有了如此舒适性感的内衣，令人不得不称赞。

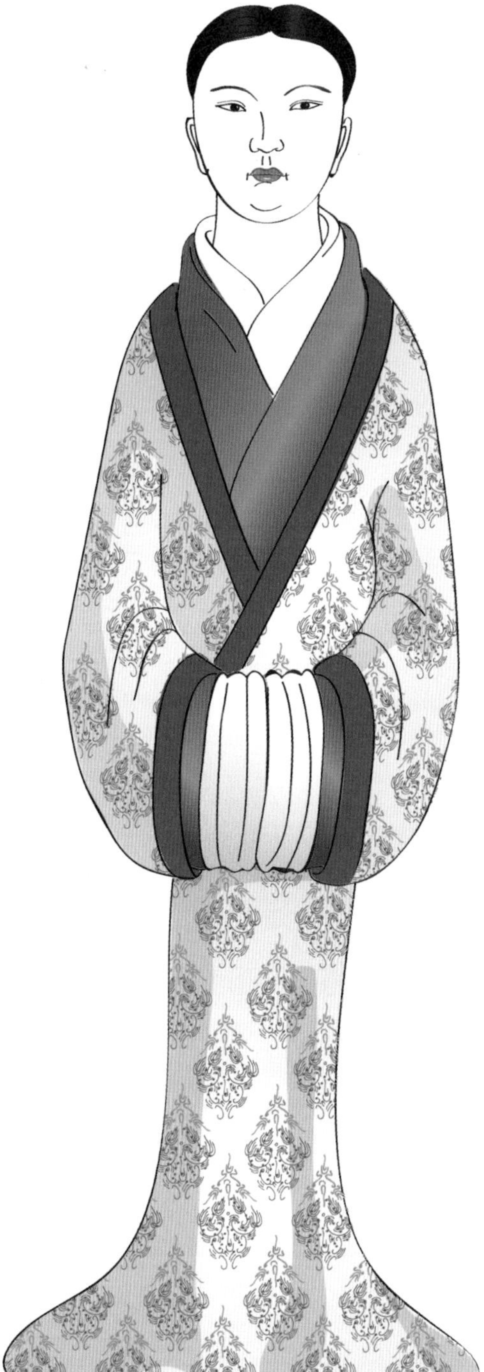

／汉俑穿衣顺序图示／

一、无里内衣；二、絮棉的夹层袍服——中衣；三、薄而透的外衣。外衣领子比较低，衣缘较窄，突显出中衣和内衣的领子，俗称『三重领』。罩在最外面的就是薄而透的『褧衣』。

／『褧衣』：流行千年的霓裳羽衣／

《诗经》中提到的『衣锦褧衣』，指的是在锦缎华服之外加上一件轻薄的麻纱外衣，既能保护华贵的衣料，又可防污。这种穿法延至汉代更为流行，只不过将战国时期的麻纱衣料，改成了富贵人家的丝质衣料，男女同款。

/西汉流行的印花纹样/

——依据湖南省长沙市马王堆汉墓出土织物绘制

火焰纹金银泥印花纱。此纱薄如烟雾，上有仿金银印花图案，采用凸纹铜版印花技法印制，其流程如图所示：

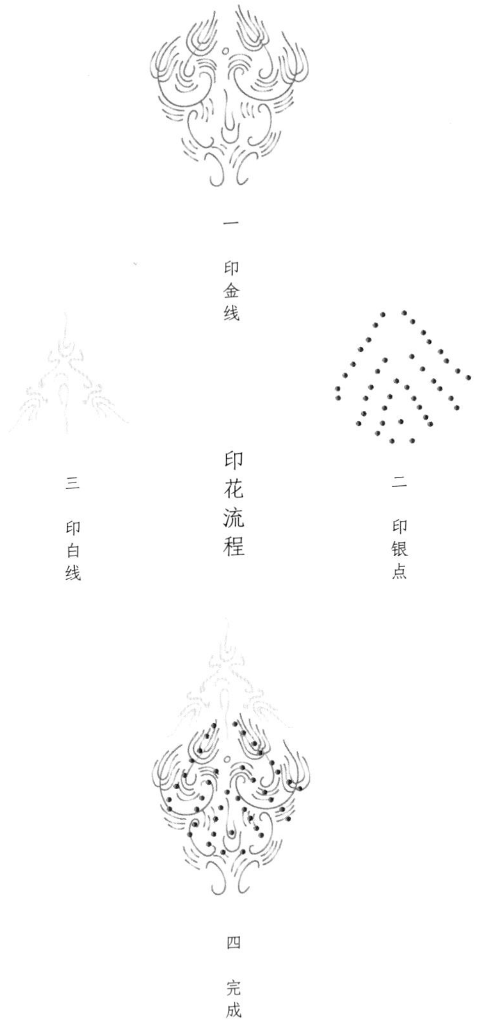

／『三重领』：汉服最流行的领式／

两汉男子的日常服饰与女装基本相同，穿右衽曲裾和直裾袍服，衣领由内向外堆叠，即『三重领』：内衣、中衣和外罩薄纱禅衣。腰束绅带或革带，束革带时用带钩。下穿有裆的大袴。

/西汉女子的时尚造型/

——依据汉俑绘制

发型：头发自顶中分，垂至后背挽髻，发梢下垂。

衣着：外罩薄纱右衽低领曲裾喇叭摆深衣，内衬交领衣两件，腰束绅带。虽说汉袍宽大，但从出土陶俑的整体造型看，深衣紧裹身体后，服装造型呈长条喇叭状，红色锦衣配浅色印花薄纱外套是标准搭配；腰带位置偏下，类似于时下流行的低腰裤的腰际位置。紧裹身体的服装造型与坐姿有关，跪坐是当时的标准坐姿。

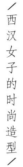

跪坐的汉代女乐俑

《礼记·乐记》疏云：「坐，跪也。跪坐为礼。」就是说在中国古代，最恭敬的坐姿就是跪坐。「席地而坐」指的也是跪坐，又称正坐。从先秦至五代，这种坐姿一直存在于各种正规场合。据东汉《说文解字》记载，古人能够从坐姿去辨别一个人的身份和性别：凡女、妾、奴（从女部首者）一律屈膝而跪，恭敬而礼，是为跪坐。跪坐之外有「盘踞」，即盘膝而坐，比跪坐轻松。又有「箕踞」，即「踞」而不「盘」，这种坐姿最不符合礼仪，被视为无礼的表现。跪坐在现代的日本仍然可见，无论男女在穿着传统和服时都会采用跪坐的坐姿，与汉代的画风十分相似。

/风姿绰约的包头巾女立俑/

——汉代出土陶俑，现藏于西安博物院

这是一个穿着风格独特的汉代女子，以巾裹头，形同风帽；身穿下摆呈喇叭状的深衣，腰束宽带，越发显得身材苗条，如弱柳独立，风姿绰约。若按比例将此俑尺寸放大五倍，呈现在我们面前的将是一个身高一百六十厘米，腰围六十一厘米，下身长一百一十五厘米，体态十分轻盈的窈窕淑女。如此理想的体型比例即使放在现代，也是一位引人注目的美女。

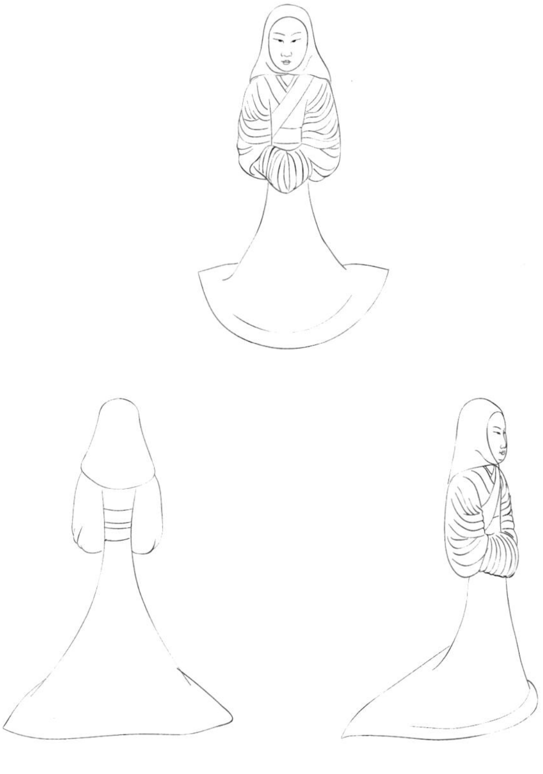

／《周勃拥汉》／

——河南省洛阳市八里台汉墓壁画，现藏于美国波士顿美术馆

图中男子头上戴冠，下颌结缨，身穿右衽直裾袍。

● 汉代的帽子：冠下『结缨』

古时，中原的华夏族男子二十岁束发裹巾，以示成人；有身份的贵族加冠，没身份的庶人裹巾，劳动者戴帽。

汉代的冠与先秦的冠的不同之处在于，以前的冠是直接罩在发髻上，用簪固定，而秦汉时则在冠下加有『结缨』（束带），系于颌下。至东汉又先以巾子包头，而后加冠。这种戴冠方式在秦代只有地位高的人才能使用。冠下有『结缨』是这个时期的重要特征。

• 最流行的首服：帻

『帻』本是古时一般人用以包束头发的巾帕，汉魏时期十分流行。当时的平巾帻也叫『平上帻』，是将巾帕的下部接近头额处硬化之后围成一个圆圈（介壁）戴在头上以遮发，与介帻同属一个系统。帻的来历，据东汉蔡邕说：『元帝额有壮发，不欲使人见，始进帻服之，群臣皆随焉。然尚无巾。如今半帻而已。』（《独断》）又说，王莽秃而无发，乃于帻上施巾（『王莽秃，帻施屋冠，进贤者宜长耳，冠惠文者宜短耳，各随所宜』）。就是说王莽秃顶，无发可遮，便在帻上覆巾，硬挺高隆如屋顶，以掩其短。这就出现了顶部呈介字形类似屋顶的帻。文官用介帻，武官用平上帻。童子只戴帻，不加巾，更无顶，表示未成年。

／戴平上帻的汉俑／

——江苏省徐州市北洞山汉墓出土汉俑，现藏于徐州市博物馆

这两个公元前二世纪的西汉男子，头戴平上帻，身穿右衽直裾袍服，着宽腿裤，束绅带，足穿歧头履。

戴介帻的抚琴汉俑

／《导引图》中的西汉长沙人／

——湖南省长沙市马王堆三号汉墓出土帛画，现藏于湖南省博物馆

这幅马王堆出土的西汉导引图，共绘制了四十四个形形色色的人物，正在操练导引之术，即练习气功，强身健体。

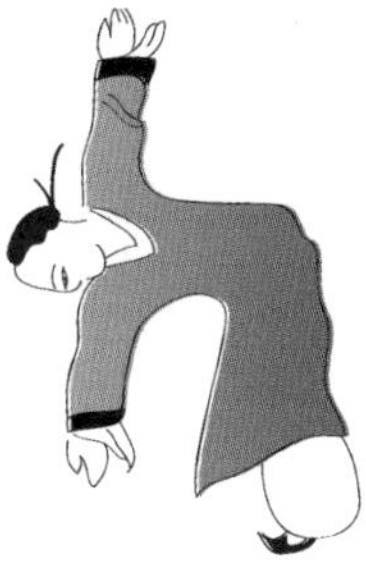

图中人物穿着各异，或穿直裾衣和宽腿束脚裤，或着裤衩，或衣短襦，或围裳……人人随形而动，场面十分有趣。不禁令人遐想，汉代的长沙人真是热爱运动。

• 从紧裹到宽松：东汉的时尚服饰

汉代的官服虽然是『褒衣大袑』，但普通民众的服装则是深衣紧裹。至东汉，这种风气逐渐改变，人们慢慢从紧裹身体的深衣中放松束缚，宽袍大袖的直裾袍服、襦裙以及肥大的束脚裤成为当时的流行服饰。此风一刮数百年，一直延续到魏晋时期。

/东汉《宴饮百戏图》/

——河南省新密市打虎亭汉墓出土壁画局部，现藏于打虎亭汉墓

● 花钗大髻：招摇的东汉女子发式

西汉女子的发式沿袭楚风，时兴中分，头发束于脑后，在发尾处随意绾一个结，留一段发梢，简单而质朴。

到了东汉，日子大概殷实好过了，女子的头发玩起了花样，向上梳成一个扁形的大髻，插上多支花钗，最多的有十二支，称为花钗大髻，十分招摇。这种发式兴于东汉，流行于魏晋，长盛不衰。

/东汉花钗大髻女子像/

——依据河南省新密市打虎亭汉墓出土壁画绘制

花钗大髻

西汉女子发型

头发中分

发尾绾髻

／手执镜台花钗大髻女子像／

——依据山东省沂南县汉墓出土画像石绘制

此女髻上插了十二支笄，旁边插有一横簪。身穿右衽交领袍，腰束绅带，前有蔽膝，衣摆两旁有用丝织品做成『袿』形的装饰带，汉代称『袿衣』，内穿宽腿束脚裤。发型与打虎亭汉墓壁画中的女子相同。

／《夫妇宴饮图》／

——河南省洛阳市东汉墓出土壁画局部，摹本现藏于洛阳博物馆

图中，一位侍女正在服侍一对男女主人进餐。不论主人还是仆人，所穿的服装皆为宽袍大袖，束较宽的腰带，穿肥大的束脚裤，而女人头上高耸的大髻正体现了当时的时代特征。女主人的头上隐约可见还插了步摇。

/东汉劳作俑/

——四川省成都市出土东汉陶俑，现藏于成都博物馆

● 引领风骚数百年的高领内衣

穿在这两个东汉陶俑身上的高领内衣具体名称不详，或为『曲领中单襦』。此衣最早见于战国时期，流行于东汉两晋之际，普及程度令人惊讶。早期的高领内襟为圆弧状，而外襟是直的交领，形如『9』字。战国时期出土的跽坐人铜灯座中的持灯俑，身上就穿着这种服装。到了东汉，人们更多地把这种服装当作内衣来穿，偶尔也在劳作时单穿，轻便透气。做内衣穿时一般用白色作曲领颜色。

/东汉陶俑/

——现藏于四川省博物馆

此组陶俑展现的是川蜀地区的平民，笑容满满，看来对生活质量比较满意。穿着打扮也比较讲究：三人皆外穿半臂袍，袖口拼接百褶边，下摆也镶有细细的褶边，腰束绅带，内穿高圆领衬衣。包头巾上插有花钗，男女同款。

● 东汉的微笑，感动两千年

也许是休养生息的缘故，东汉人与西汉人相比，精神面貌轻松愉快了许多，此处的几组东汉陶俑一律笑容灿烂，眉眼弯弯，好一副心满意足的模样。虽然相隔了两千年，那种质朴的微笑依然深入人心，令人动容，魅力无穷。

／东汉灰陶击鼓俑／

——四川省成都市天回山三号崖墓出土汉俑，现藏于四川省博物馆

此俑头冠插花，身穿右衽长袖衫，内衬高圆领衬衣。趺坐，举左手扬袖为节，右手扬掌曲指击鼓为拍。

褒衣博带
魏晋风度

叁

公元二二〇年至五八九年

魏　晋：公元二二〇年至四二〇年

南北朝：公元四二〇年至五八九年

服饰特征

形：

官方正装：上衣下裳和上衣下裤制并存。

流行服饰：袍服、襦裙、袴褶、裲（音同两）裆、半袖，特点为褒衣博带。

色：

官方用色：黑、白、红、紫、绿。

流行色：红色。

织：

流行衣料：锦、绣、绮、縠（音同湖）、麻、绞缬等衣料。

饰：

时尚配饰：幅巾，小冠外加笼冠（男女同款）；女子插步摇；男子流行腰束革带，足穿笏头履、高齿屐（一种漆画木屐）。

敦煌莫高窟二八八窟北魏供养人

时代关键词

疆域大分裂，民族大融合，汉胡服饰大交融。

在这段三百六十多年的历史里，原本大一统的中华大地陷入四分五裂的境地，三十余个大小王朝交替兴灭，汉族与匈奴、鲜卑等少

数民族之间战争不断，社会动荡，礼崩乐坏，但也加速了文化交流、民族融合、汉胡服饰交融的步伐。

服装大事件

魏晋南北朝在汉服历史上是破立并举的时代。魏初，文帝曹丕制定『九品中正』官位制度，『以紫绯绿三色为九品之别』，从色彩上定制了官位高低，一目了然。此制历代沿袭，直至元明。同时，魏晋时期打破两汉等级森严的冠服制度，如不论文武官员平民百姓，皆以幅巾束发，取代了以往拘谨的冠帽，一时间各种头巾花样百出，令人眼花缭乱。

南北朝时期，北方少数民族入主中原，北魏孝文帝全面强推汉化改革，从礼俗、语言到服装一律汉化；同时，北方民族的短衣装束袴褶，逐渐取代了以往的深衣袍服，成为民间的主流服装。北朝末期，脱胎于鲜卑帽的幞头首现雏形，开创了我国男装独特的首服标志，此后流行一千余年。

敦煌莫高窟二八五窟『强盗』形象

图中七贤，散发袒胸。衣宽袖广，飘逸如神仙。

魏晋风尚：褒衣博带

由魏而晋，战乱频仍，经济匮乏，礼制崩坏，人们蔑视礼法，打破衣着常规，褒衣博带终成魏晋世俗之风尚。

● 名画里的魏晋风度

魏晋时期，文学艺术长足发展，既出现了顾恺之这样的大画家，民间也涌现出一大批技艺高超的能工巧匠，他们的作品为我们留下了那个时代的直观印象。

/竹林七贤砖刻/

——一九六〇年南京西善桥南朝古墓出土，现藏于南京博物院

在中国古代的传统社会里，读书人永远是引领风尚的精英阶层。战乱时期的魏晋文人更是当仁不让，他们把自己对时代的不满以狂狷的形式发泄出来，吃毒药，着宽袍，咆哮山林，纾解郁闷……在他们夸张的服饰的引领下，以往礼制严谨的冠服制度不再流行，拘谨的套装形式逐渐被『褒

衣博带』所替代。自由自在的宽衫大袖，成了魏晋时期的时尚标志，先秦至汉代的深衣制自此已基本消失。

这幅作品即以当时享誉民间的七位放浪形骸的士人阮籍、嵇康、山涛、向秀、王戎、刘伶、阮咸为刻画对象，描画了他们身着大袖宽袍，披发跣足，于竹林之下饮酒放歌，纵情恣意的场面。

据传，魏晋时，贵族及士人阶层流行服用一种药物——『五石散』。此药性燥，服者全身发热，面若桃花，体力强健，仿佛毒品般令人一时心迷神醉。为了散发药性，服后必须吃冷食，饮温酒，洗冷水浴，穿宽松衣服行走。若药性不能散发，须用药发之。故『五石散』又称『寒食散』。当时许多长期服食此药者皆因中毒而丧命。竹林七贤是『五石散』的拥趸，时常服用。吃了药后，他们就穿着宽松的袍服，相邀饮酒，啸聚山林，行为放浪不羁。由于他们是名士，所以这副派头就成了魏晋风度的注脚。可见当时文人中流行的宽袍大袖亦即褒衣博带，本来是为了消解『五石散』而产生的一种实用性服装，却因为名士的引领而成了时尚，并发展演变为一个时代的符号。

/《洛神赋图》中的广绣襦裙和「杂裾垂髾」/

——东晋绢本绘画，宋代摹本，现藏于北京故宫博物院

相传东晋大画家顾恺之读了曹植的《洛神赋》后，一时惊艳，有感而绘此图，遂为后人勾勒出那个时代的万种风情。

图中女性人物手持麈尾，身着广袖襦裙，衣带飘飘，仪态曼妙，宛若仙女。所谓广袖襦裙，裙外有围裳，围裳下饰以三角形的襳（音同鲜）髾，即「杂裾垂髾」，两汉时就已出现有这种装饰的服装，称袿衣。袿衣的底部有上宽下窄、呈刀圭形的两个尖角，称为「裾」。袿衣之下以裳为衬，是当时贵妇的常服。南朝之后这种装饰逐渐消失。但此类带有飘逸的襳髾装饰的襦裙，后来被神化为神仙服饰。

图中男主角即为曹植，头戴远游冠，着上襦下裳加蔽膝，衣袖宽大，腰系绅带，脚踏笏头履。其身边的男侍从手持华盖，头戴笼冠，身穿袍服，束绅带，下穿大口袴。侍女头戴笼冠，身穿大袖襦裙，其中一人携着坐具。

曹植

杂裾垂髾

／《女史箴图》／

——东晋绢本绘画，唐代摹本，现藏于大英博物馆

顾恺之的另一幅作品《女史箴图》，乃依据西晋名臣张华的文章《女史箴》而画的一幅插图画卷，描绘了汉代宫廷妇女的道德故事。原画共十二段，现存九段。一九〇〇年庚子之役，八国联军入京，此图为英军所掠。以下撷取其中三段画面，以供赏析。

第四段画面：梳妆图

画中一个贵妇，席地而坐，外罩大袖纱罗袍服，着三重衣，帔领绕肩，对镜观容。身后梳头的侍女身穿襦裙，头梳垂髾发式，插树形步摇，体态婀娜。旁边的镜台和装脂粉的漆盒皆为汉代式样。

第七段画面：

图中一男一女，男子头戴委貌冠，身穿薄如蝉翼的纱罗直裾袍，前系蔽膝。女子身穿有围裳的广袖襦裙，「杂裾垂髾」从围裙下飘逸而出，外罩薄如蝉翼的纱罗外衣，姿态曼妙，恰如左思《三都赋》中所描绘的「纤长袖而屡舞，翩跹跹以裔裔」。

第九段画面：

图中三个女性头插树形步摇，梳汉代发式；身穿广袖襦裙，腰束绅带，围裳下垂『杂裾垂髾』。

顾恺之画的虽是汉代人物故事，发式用具皆为汉代式样，但服装却为东晋样式，无论男装女服，尺寸均比汉代宽松许多，佐证了魏晋风度是从深衣制演化而来的新时代新风尚的观点。

•女子风尚：『上俭下丰』

从前面展示的图画可以看出，由两汉而魏晋南北朝，女子衣着的较大变化是风格上转向『上俭下丰』。始于汉代的襦裙套装发展至晋代，变成上衣短小贴身，下裙宽大。女性服饰以上襦下裙为主，并以体态修长、柔媚为时尚。以曲裾深衣的秦汉遗俗为基础，加之北方传入的文化元素，发展出一种杂裾垂髾服。上衣的长飘带曰『襳』，固定在长裙下摆的燕尾状装饰曰『髾』。主要款式特征为上身紧窄，袖子宽大，下摆多重，有飘带，整体感觉宽博飘逸，似仙人踏云而至，表明此时人们的观念已由自然质朴转向奢华雕琢。飞襳垂髾虽然惊艳，流行时间却很短暂，至唐代，除了舞伎，再无人穿着。

魏晋南北朝的贵族妇女同男人一样，脚下穿着高翘如墙的笏头履、重台履，高翘的鞋头饰以花纹，可将曳地的衣裙收揽，便于迈步，同时显示优雅而摇曳的步态。梁简文帝有诗《戏赠丽人》，一句『罗裙宜细简，画屧重高墙』生动地描写了这一时代风尚。

/《列女传图》/

——东晋绢本绘画，南宋摹本，现藏于北京故宫博物院

顾恺之根据西汉名儒刘向编撰的《列女传》所绘制的又一幅传世名画，风格类同《女史箴图》，原画分为八段，共绘制二十八人。

图中这位淑女头插步摇，穿大袖衫、曳地长裙，腰束绅带，风姿绰约，翩若仙姬。令人想起南北朝著名诗人庾信《奉和赵王美人春日诗》中的诗句『步摇钗梁动，红轮帔角斜』……

北朝马头鹿角步摇

●魏晋女性的流行头饰与发式

/步摇钗：摇曳在头顶的花树/

古代女子的首饰步摇，底座称山题。因其形似山，着于额前，故名。《后汉书·舆服志下》曰：『步摇以黄金为山题，贯白珠为桂枝相缪。』清代林颐山《经述·释王后首服四》：『步摇上有垂珠，步则摇，因其贯白珠为桂枝相缪，故八爵、九华、六兽列于黄金山题之上，行步则摇。』

树形步摇钗是魏晋时期女性发饰的一大亮点，顾恺之笔下的每一个女性，头上几乎都长有一棵摇曳生姿的花树。

／奢华的假头／

魏晋女子的发式，以假发衬托的各种髻为主。西晋有十字式大髻，东晋有两鬓抱面遮眉式髻和夸张的缓鬓倾髻——一种将鬓发松散，十字髻倾斜的时髦发式。因发髻又大又重，不能常戴，平时搁置架上称作「假头」，贫者无能力置办的，自嘲「无头」，遇事只能向别人「借头」。东晋末至齐梁间，女子发式演变为束发上耸的双环式髻。

十字大髻

● 轻盈潇洒的首服：『巾子』、小冠、笼冠……

两汉时期，男子通常戴冠、帻，但在劳动阶级中，流行用布包头的习惯。汉魏之际，因战争破坏财政，代表朝廷体面的冠服制度难以维持。人们遂抛弃了过去的冠帽，代之以从简陋的包头布演化而来的幅巾，有些类似现代的便帽，既轻便实用，又潇洒风流。不仅文人使用，连指挥千军万马的将帅亦普遍使用。一时间，中国男子的头上各种轻盈的头巾轮番登场，别有一种倜傥不羁的姿态。如诸葛亮纶巾羽扇指挥战事，苏轼在《赤壁怀古》中亦赞叹周瑜『雄姿英发，羽扇纶巾』，为我们留下了古代中国好男儿亦文亦武的形象。

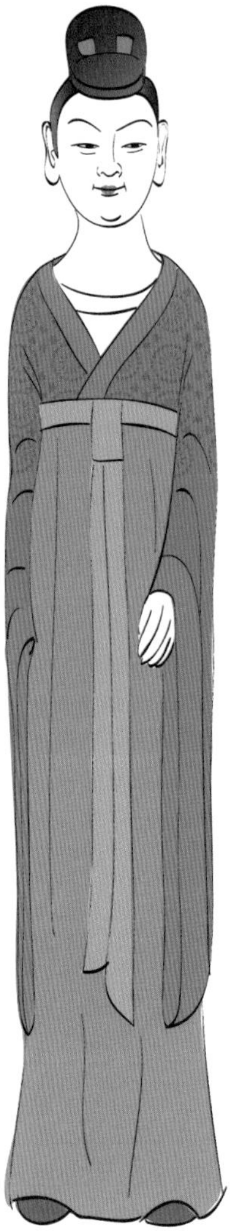

/戴平上帻（小冠）的女俑/

——依据出土北魏陶俑绘制

此女俑头戴小冠，身穿大袖襦裙，腰束绅带。

/戴平上帻（小冠）的陶俑/

平上帻是魏晋时期流行的一种头巾。西晋时，帻的后部更高，如此陶俑所戴之帻，其后部的高度几乎相当于面部的一半，在帻顶约二分之一处，开两个纵向开口，以一扁簪（笄簪）横穿发髻，达到固定之目的。晋式平上帻又称『小冠』，可以单着。《宋书·五行志》记载：『晋末皆小冠，而衣裳博大，风流相仿，舆台成俗。』平上帻既可称为小冠，说明其式样已十分接近冠了。

幅巾

/笼冠/

笼冠是一种产生于汉，盛行于魏晋南北朝的冠饰，由早期的武冠演化而来，男女皆可穿戴。魏晋南北朝时，地不分南北，人不分男女，皆『帽上着笼冠，袴上着朱衣』，笼冠与朱衣已成为最时尚的标准搭配。这种装扮在《女史箴图》《洛神赋图》以及北朝各石窟之礼佛图、供养人像与出土陶俑中均数不胜数，只是南北朝时期的笼冠，下垂的两耳比西晋时长，而顶部略有收敛。

/戴笼冠的侍从/

——依据河北省磁县北朝墓出土壁画绘制

此侍从头戴笼冠，身穿朱衣，下着大口袴。

北魏文臣俑

/《皇帝礼佛图》中的孝文帝/

——依据河南省洛阳市龙门石窟宾阳中洞北魏浮雕绘制

提倡全面汉化的孝文帝，身着天子冕服，足蹬高头大履，俨然一副中原共主的模样。

南北朝深化汉胡交融，袴褶取代深衣

• 孝文帝的汉化改革

北魏孝文帝是一个惊世骇俗的鲜卑族皇帝，在位期间推行全面汉化政策，不仅迁都洛阳，更改汉姓，还率领『群臣皆服汉魏衣冠』，使得遭到时代冲击的秦汉以来的冠服旧制，得以在新的社会群体中延续。

孝文帝虽然爱穿汉装，下令全国人民都跟随之，但鲜卑族百姓不习惯这种劳作不方便的汉装，依旧穿胡服。南北朝时期胡汉杂居，因而便于行动的胡服，在汉族劳动阶级中也得到推广，甚至连汉族的上层人士也穿起了鲜卑服装。各民族在服装的和平共处上真正实现了融合并存和相互影响。

/列女古贤图/

——山西省大同市出土北魏司马金龙墓彩漆屏风画，现藏于山西省博物馆

此图为出土漆画，依据西汉刘向所作《列女传》编绘。图中人物周太姜、周太任、周太姒，头梳十字大髻，戴步摇；身穿交领大袖襦裙，饰以杂裾飞髾，内穿圆领衫，腰系蔽膝。此处与顾恺之笔下的女子相比，服饰类似，细节却有区别：此处的女子服饰是北魏的款式，而十字大髻发式则是典型的魏晋发式，体现了南北融合的风格。

大袖襦裙

/北魏牵手少女俑/

——依据河南省洛阳市北魏杨机墓出土陶俑绘制，现藏于洛阳博物馆

此二俑身穿左衽大袖袴褶，头梳双髻（魏晋时期少女一般梳双髻），手牵手，笑盈盈。

• 袴褶：最流行的南北朝便服

袴褶原是北方民族传入中原的便于骑马的套装：褶为短上衣，犹如汉族的长袄，多为对襟或左衽，不同于汉族习惯的右衽，腰间束革带，方便利落；袴为以粗厚毛布制成的连裆裤。

早期的袴褶款式为游牧民族常用的窄袖窄腿，至南北朝时已融入汉族特色，将袖口和裤管特意加宽加大，使宽大的裤子看上去与汉族传统的下裳相似。南北朝时期的袴，裤腿有窄有宽，以宽腿裤为时髦；同时为了行动方便，以三尺长的锦带在膝下将裤管束扎，称为『缚袴』。褶则发展成宽袖短衣，展现了一种另类的褒衣博带效果。

南北朝时期，袴褶在汉族群体中普遍流行，不分男女贵贱，几乎人人皆穿。上衣衽分左右，用织锦制作，配长靴或短靴，初时仍有贵族在外加穿袍子。

北魏时期，袴褶还可作为朝服，据《通鉴·齐记三》记载：『魏旧制，群臣季冬朝贺，服袴褶行事，谓之小岁。』

总之，南北朝时期，袴褶已成为男性的普遍常服。当时的官员服装标配为『帽上着笼冠，袴上着朱衣』。即便是女官也穿袴褶，戴笼冠。袴褶成了鲜卑胡服与汉服之间相向而行的最佳『折中体』，是最具时代特色的南北朝服装。

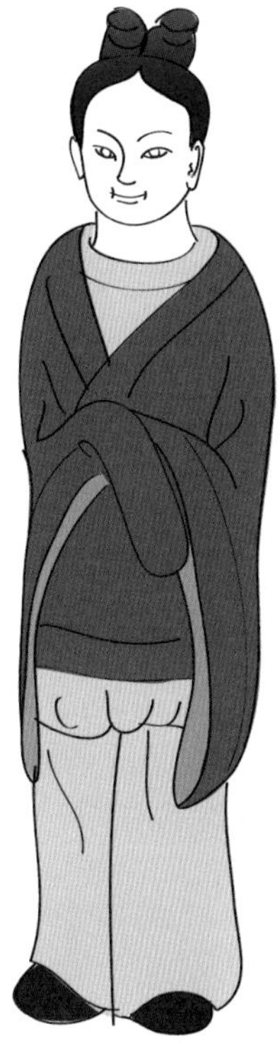

/朱衣侍从俑/

——依据山西省太原市北齐娄睿墓出土壁画绘制

此俑身穿大袖朱衣，下穿大口袴，头梳双螺髻。

/袴上配朱衣，南北同时兴/

朱衣原指古代绯色的公服。《礼记·月令》：『（孟夏之月）（天子）衣朱衣，服赤玉。』《后汉书·蔡邕传》：『臣自在宰府，及备朱衣。』到了南北朝时期，朱衣已成为民间百姓的时尚服装，不论男女贵贱都爱穿朱衣，下配裤子或裙子。

● 裲裆：背心的前身

裲裆，原也是北方少数民族的服装，由军服中的裲裆甲演变而来。裲裆没有袖子，只有两片衣襟，前挡胸，后挡背，肩上有连接，所以称为『裲裆』，发展到后来称『背心』或『坎肩』，男女适用。《玉台新咏·吴歌》曰『新衫绣裲裆，连置罗裙里』，说女子穿的裲裆上面有彩绣。裲裆有夹衣有单衣，沈约《歌辞》道：『阳春二三月，单衫绣裲裆。』而金属做的裲裆自然就是战甲了。初时女子裲裆都是穿在里层，后来则穿在交领衣之外了。《晋书·舆服志》记载：『元康末，妇人衣裲裆，加于交领之上。』

／穿裲裆的陶俑／

——依据河南省洛阳市北魏墓出土陶俑绘制

此俑身着袴褶，褶为朱衣，外穿裲裆，头戴小冠。

●半袖：生命力最持久的汉服

半袖亦称半臂，是一种外穿的短袖式上衣，早在秦汉时就已出现，亦由胡服演变而来。袴褶、裲裆、半袖衫都是从北方传入中原地区的外来服装，华夏族在生活中将其优化、吸收，使之变成了本民族的流行服饰。

／穿半袖的仕女／

——依据河南省邓州市出土画像砖绘制

此女子身穿交领大袖襦裙，外套半袖和裲裆，足蹬笏头履。

/裹衫/

裹衫是一种无袖披风，通常用白色布帛做成，上缀纽带，穿着时披搭于肩背，结带于颈，可御挡风寒。魏晋南北朝时的文人逸士爱穿裹衫，大概是喜欢它随意不拘的样式。图中的裹衫用纱罗制成，内搭『绀袢』，轻薄凉快。

• 《北齐校书图》：名画中的北朝风流

——绢本绘画，局部。现藏于美国波士顿博物馆

此图为北齐画家杨子华奉命所作。画中记录了北齐天保七年（公元五五六年）文宣帝高洋命樊逊等人刊校五经诸史的故事。

画面共有三组人物，此处撷取中间一组以供欣赏。画面中心是坐于榻上的四位士大夫。他

/绁衵/

绁衵是一种古人夏天穿的贴身吸汗的内衣，与后世的肚兜类同，上掩胸下盖腹，以本色细葛布制成，因『暑天近汗之衣必无色』也。

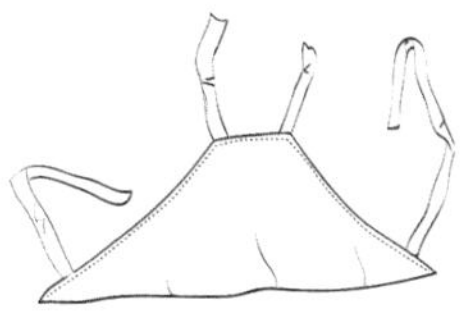

们或上身穿着名为『绁衵』的贴身内衣，或直接裸穿外衣『裹衫』。这些穿法都是魏晋时期士人的时尚装束。坐榻上陈列着盛满菜肴的盘子、酒杯、砚台、箭壶、古琴等物。其中一人或是樊逊，正在认真执笔书写，其余三人或展卷沉思，或欲离席，或正挽留……神情生动，细节精准。榻旁围列女侍五人，或捧杯，或执卷，或抱凭几、靠垫，或提酒壶，均化着精致的三白妆，顾盼生姿。可见魏晋南北朝时代的士人在工作时并未忘记娱乐，也许是身处乱世，及时行乐和珍惜当下，便成了当时人们的普遍追求。

高腰窄袖襦裙

/三白妆/

是中国古代女性十分流行的一种妆容。三白指在额头、鼻梁、下颌三个部位涂以白粉，以突显面部之立体感。画中侍女化三白妆，身穿右衽窄袖襦裙，外穿纱罗半臂，肩披帔帛。

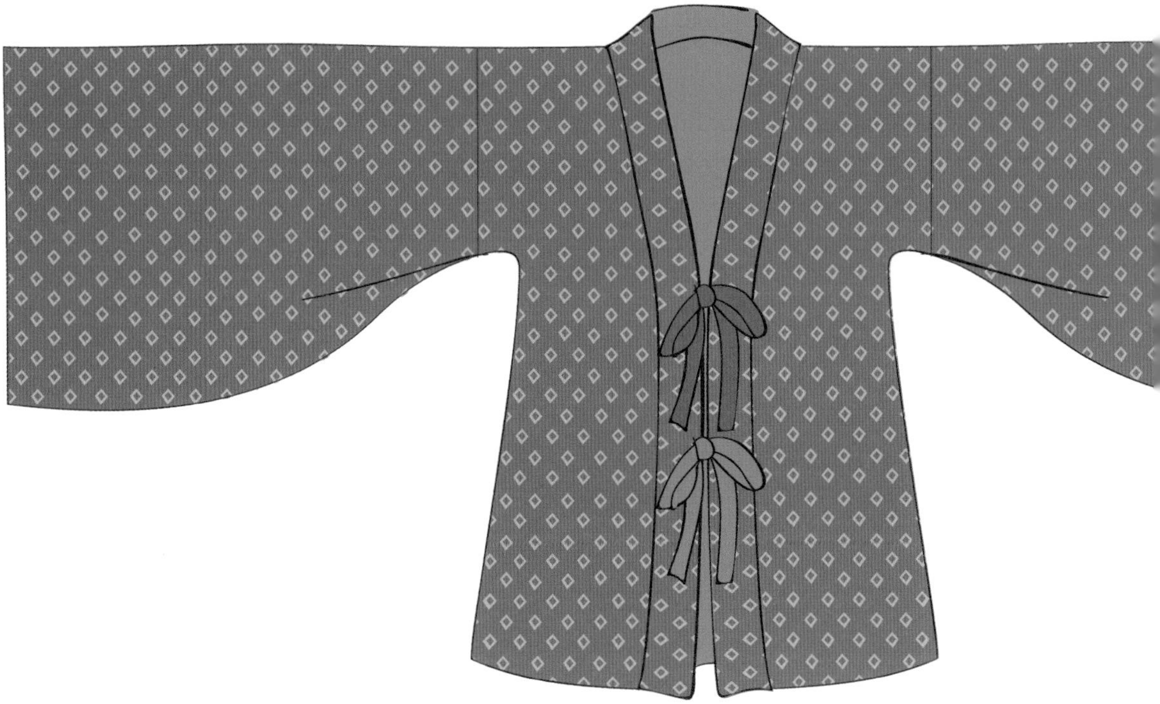

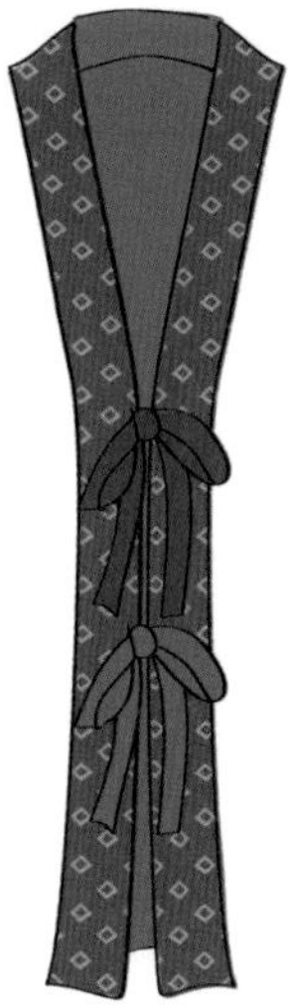

衣襟上有红、褐色两根系带

● 绞缬绢衣：北朝最流行的扎染襦装

——实物现藏于中国丝绸博物馆

绢衣尺寸：衣长七十九厘米，通袖长一百七十八厘米。

此件上衣形制为对襟，短身；两襟微微相交，喇叭形宽袖，袖与衣的连接处下方有一个活褶，令本来平面的结构变得立体，在现存的实物中很少发现这种结构。此衣属于当时流行的襦装，衣襟上有红、褐色两根系带。衣身面料采用褐地绞缬绢。绞缬又名撮缬、撮晕缬，即今俗称之扎染。据《一切经音义》释曰『系缯染，解之成文曰缬』，即是说利用绞缬防染形成的中空方格纹，多为用绑扎法制作完成，即用丝线将绢帛打结，投入染缸中染色，染后拆去扎线，解开之后就形成了图案。这种绞缬工艺在魏晋南北朝时期十分流行，无论贵族还是平民都可使用，在从东到西的壁画如高句丽及龟兹壁画中也均可见到，但保存得如此完整的绞缬服装则实属罕见。

/穿绞缬大袖衫的南朝妇女/

——依据江苏省常州市戚家村南朝墓出土画像砖人物绘制

画中女子梳双环髻，内穿交领衣，外穿绞缬对襟大袖衫，配长裙裥裙，腰束绅带，足蹬笏头履。

交领衣
绅带
大袖对襟短衣
宽大多褶裙

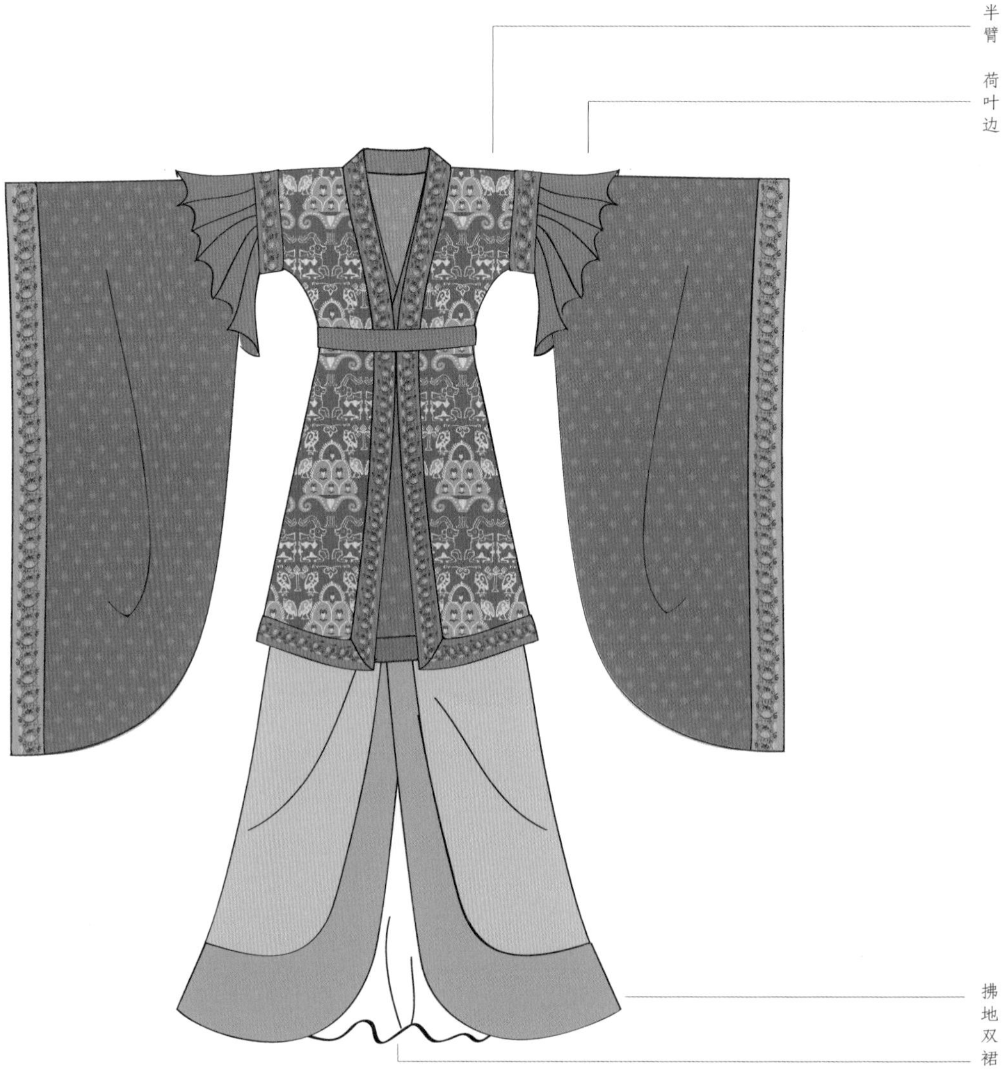
半臂
荷叶边
拂地双裙

／北魏舞衣／

——依据台湾历史博物馆藏北魏彩绘舞女俑绘制

此舞蹈俑身穿对襟大袖衫，外套半臂，袖口缝有荷叶边，下配拂地双裙。整套服装的搭配层次比汉代丰富得多。

／锦半臂衣料／

树下对羊对鸟文锦

／穿间色襦裙的仕女／

——依据河南省洛阳市北魏杨机墓出土陶俑绘制

此女俑身穿大袖短襦，内衬圆领衫，下穿间色高腰宽摆裙，腰束绅带。好一个北朝妙龄女郎。

• 裙摆变大的襦裙

自先秦到两汉，襦裙一直都是汉族女子主要的服装形制。早期的襦裙，裙腰位于正腰上，裙子的下摆适中。自进入南北朝以来，对习惯骑马的北朝女子来说，上衣下袴原本是最便捷的装束，但孝文帝推行汉化之后，北朝妇女的日常装束也多以上衣下裙为主了。因而此时便出现了女子襦裙腰线上移的趋势。为了便于骑马，裙子多采用打褶的方式，尽量扩大双腿的活动半径。

宽摆裙的出现对当时的裁缝技术提出了新的要求，因为古代的布料面幅较窄，无法用一两片缝出一件可以骑马的宽摆裙，必须以多片布料才能拼成一条合格的裙子，故而在魏晋南北朝时期出现了由多片不同颜色的布料拼接而成的间色裙。

这种间色的高腰襦裙，在北魏中晚期即已出现并广泛使用，影响力一直持续到隋唐时期。沈从文先生曾说：『魏晋以来妇女常服，日趋短小，衣袖日窄，因之裙子上升日高，形如外挂便于脱卸的上襦，亦只及腰为止。』这里所说的窄袖形式是从北朝游牧民族的传统服饰中继承而来的。后来为了追求汉族的广袖长袍风格，上襦的衣袖逐渐加宽，形成了阔袖的高腰襦裙形制。

／穿间色襦裙的西魏供养人／

——依据敦煌莫高窟二八五窟北壁壁画绘制

画中的供养人，身穿窄袖小衫，外套半袖衫，下着高腰拂地间色裙，绅带束腰，余带飘垂。真是窈窕淑女，破壁而来。

• 鲜卑帽和早期的幞头

幞头产生于南北朝晚期，直接从北朝的鲜卑帽演化而来，其后流行一千余年，成为中国中古时代男装的独特标志，直至清初，才为满式冠帽所取代。

古代华夏族与少数民族的发型区别为：华夏族『束发』，少数民族或『披发』，或『断发』，或『编发』，或『髡发』，所以华夏族加冠以约束发髻，少数民族则多戴帽以遮挡风寒。

北朝流行的鲜卑帽形制为顶部圆形，后部垂有披幅，有点类似现在的风帽。鲜卑族原起自塞外，流行编发，故实用的鲜卑帽不但可以保暖，还可以保护粗大的发辫。但随着汉化改革的强力推行，以及居住地南迁入塞内，鲜卑人的编发逐渐被束髻取代，原先的鲜卑帽已失去功效，后部的披幅便用带子扎起来，开始向幞头过渡。公认的说法是北周武帝创制了最早的幞头，但实际上，幞头是在隋代初步定型，至唐代，一跃成为男子常服不可或缺的重要组成部分。

/穿鲜卑装的骑马男子/

——依据山西省太原市北齐娄睿墓出土壁画局部绘制

此男子头戴鲜卑帽，身穿圆领缺骻袍，是典型的鲜卑族装扮。

／鲜卑帽向幞头之演化／

鲜卑帽

——依据山西省太原市北齐娄睿墓出土壁画绘制

形制：圆顶，后部有披幅。

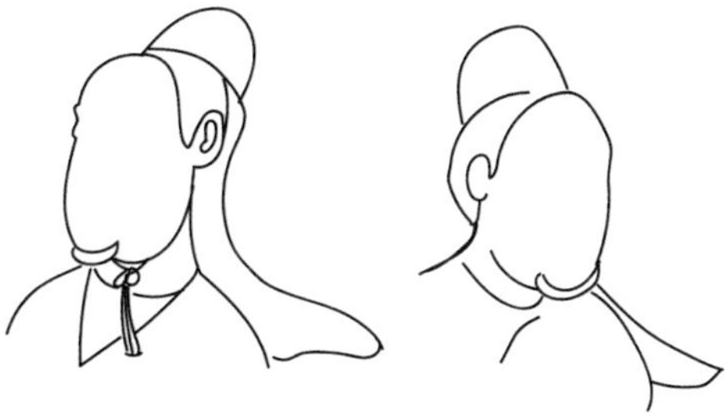

早期幞头

——依据河北省吴桥县北齐墓出土陶俑绘制

因发型改变，披幅失去保护编发的功效，遂用带子扎起。

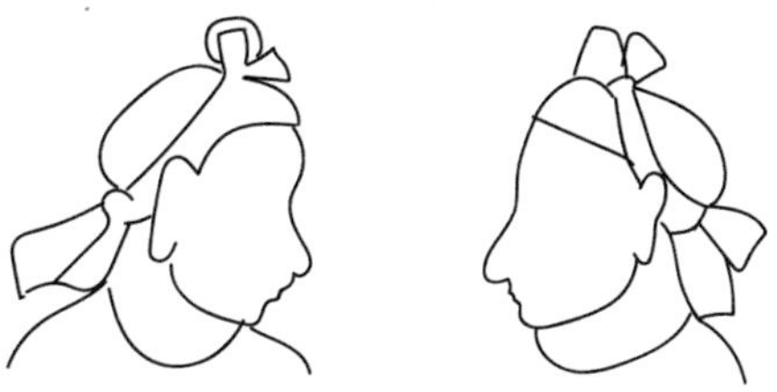

霓裳羽衣
隋唐气象

肆

公元五八一年至九六〇年

隋　朝：公元五八一年至六一九年

唐　朝：公元六一八年至九〇六年

五代十国：公元八九一年至九七九年

服饰特征

形：

官方正装：上衣下裳、圆领窄袖袍。

流行服饰：圆领窄袖袍、胡服、锦半臂、高腰襦裙、纱罗大袖衫。

色：

官方用色：黄为贵，紫为上品，绯、绿、青依次递减。

流行色：红色。

织：

流行衣料：团花织锦、绣、绮、纱罗。

饰：

时尚配饰：女子插梳子、步摇，披帔帛；男子戴幞头，腰束『鞊鞢（音同帖屑）带』。

时代关键词

合久必分，分久必合。国家大一统，民族大融合。服饰多元化，汉胡杂糅，灿烂多姿。

服装大事件：舆服制度改革

隋唐时期天下重归一统，两朝均曾对冠服制度进行改革，如规定天子与百官的官服用颜色来区分等级，用花纹表示官阶。隋朝官服尚红，戎服尚黄，常服为杂色。唐朝以柘黄色为最高贵，红紫、蓝绿、黑褐依次递减，白色则表示无地位……

/穿圆领襕袍的男侍从/
——依据陕西省乾县唐朝懿德太子墓出土壁画局部绘制

隋唐服饰，花开两枝

经过魏晋南北朝长达三百多年分崩离析的大撕裂、大别离、大冲突、大融合，到了隋唐时期，终于迎来了全面辉煌灿烂的新时代。隋朝是个充满想象力的朝代，声名不好的隋炀帝其实是个走在时代前列的帝王。他举全国之力开凿运河，贯通南北，巡幸江南，率领大半个朝廷出访河西走廊，安靖边疆，到处发动战争，开疆辟土，穷奢极欲，终于耗尽国力，丧生于兵变，得了个炀帝的恶名。然而他的作为并非一无是处，唐朝全面接盘了他的疆土与设施，并发扬光大，开启了全新的时代。可见皇帝不能太全能，像隋炀帝这样能干的暴君，其作为可谓罪在当代，功在千秋。

隋唐这个全新的时代，表现在服装上，便是在过去的树干上开出了两枝花朵。一枝是旧时花：继承了汉魏时期的汉式冠冕服装，用作冕服、朝服等礼服及公服；另一枝是新鲜花：继承了北齐、北周改革后的圆领缺骻袍和幞头，用作平时穿的常服。如此一来，中国的服制就从过去的单一系统——汉装，变成隋唐之后涵括了两个来源的复合系统——汉装加胡服。两套系统同时并存，相互交映，这成为中世纪汉服制度最重大的变化。

● 圆领窄袖襕袍：最流行的隋唐男子服饰

隋唐男子沿用南北朝时期鲜卑人的圆领窄袖袍作为官服和日常服，从皇帝到官吏，几乎人人同款，都是腰系红鞓带，头戴黑纱幞头，脚穿乌皮六合靴，等级区别只在于色彩与材料，以及皮带头的装饰。而普通百姓的日常服装也流行穿胡服，束鞊鞢带。当时的长安街头，放眼望去，满街都是穿着鲜艳的圆领袍服、头戴幞头的上层人士，以及各种穿本色短衫着袴的引车卖浆者，身份贵贱，一目了然。直至五代，变化不大。

/隋墓壁画（局部）/

——依据山东省嘉祥县英山徐敏行夫妇合葬墓出土壁画绘制

画中人头戴软脚幞头，身穿圆领右衽襕袍，腰束革带，悬鞶囊，脚踏乌皮靴。

/唐代的公服/
圆领窄袖襕袍，上朝配玉带，平时配革带。

● 唐代的公务员服装

唐代日常官服的『标配』：襕袍、佩鱼、鱼袋、革带、靴。

襕袍：圆领窄袖襕袍，是唐代公职人员所穿的服装，类似于现代的公务员制服，亦是一种简化的朝服，直接继承了北齐、北周的款式，上自天子，下至百官士庶及宫中侍女都十分爱穿，可谓盛行一时。所谓襕袍，因膝盖下方有一道横襕而得名。当时的襕袍等级：一品至三品官员，穿紫色袍；四品、五品官员，穿绯色（红色）袍；六品、七品官员，穿绿色袍；八品、九品官员，穿青色袍。

佩鱼：唐代规定，凡五品官以上章服，按品级不同，分别佩戴金、银、铜做的鱼符，通常系于腰带，左右各一。佩鱼由朝廷赏赐，以示身份高贵。《新唐书·舆服志》曰：『随身鱼符者，以明贵贱，应召命……皆盛以鱼袋。三品以上饰以金，五品以上饰以银。』

鱼符的功能大致有四：一曰调兵遣将，作用如同虎符；二曰身份之象征，类似现代的身份证，上刻姓名、职位，用以区分贵贱；三曰皇宫通行证，每逢皇帝召见，官员必须拿着鱼符方可出入皇宫；四曰官员任免证明，每逢官员升迁任免，需要鱼符和任免文书同时使用，相互佐证。

鱼袋：五品以上官员盛放鱼符的袋子。

／鱼符／
唐代官员的身份证明。

/穿圆领窄袖团花袍配玉带、鱼袋的唐代官员/

——依据元代画家任仁发所作绢画《张果老见明皇图》局部绘制

革带：唐代规定文武百官穿着礼服时均须扎革带，带上装饰有方圆牌饰，称为銙，以牌饰质量与数量区分等级：三品以上金玉并用，十三枚；四品、五品用金，四品十一枚，五品十枚；六品、七品用银，九枚；八品、九品用鍮石（黄铜矿石），八枚；官员以外的普通庶民只许用铜铁，数量不得超过七枚。

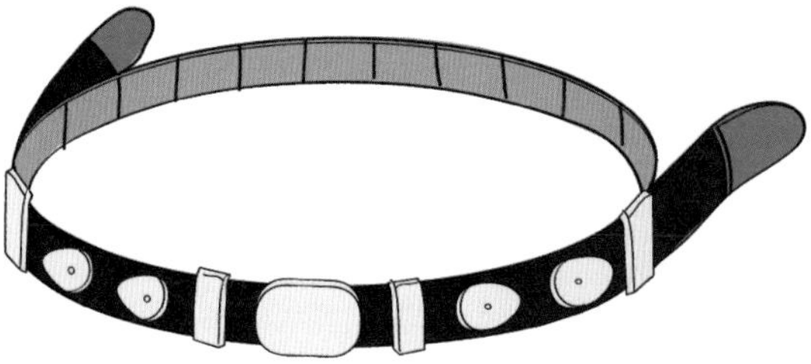

镶有玉石、金饰的革带

／穿圆领（团领）窄袖团花袍的唐代女官／

——依据元代画家任仁发所作绢画《张果老见明皇图》局部绘制

硬脚幞头

软脚幞头

• 唐代男子首服：『软硬兼施的幞头』

幞，软巾；幞头，以巾裹头。故幞头即指裹束头发的头巾。幞头最早见于北周。据《北周书·武帝纪》记载，宣政元年（公元五七八年）三月，武帝『初服常冠，以皂纱为之，加簪而不施缨导，其制若今之折角巾也』。这里的『常冠』就是迄今为止所见最早的关于幞头的文字记载，故坊间多以北周武帝为幞头的创制者，也佐证了幞头其实是在鲜卑帽的基础上略加改进而成的事实。当时幞头多是搭配圆领袍而穿戴，二者同属于胡服系统。

幞头发展至隋唐时，已逐步定型为一种黑纱制成的软胎帽，以藤织造的巾子为里，纱为表，再涂上漆而制成；有四条帽带，两条系于帽顶，两条垂于脑后，称为『软脚幞头』。中唐以后，幞头的双『脚』中间嵌有丝弦，使其富有弹性，或『以纸绢为衬，用铜铁为骨』，形状或圆或宽，微微上翘，又叫『硬脚幞头』。

唐代的幞头顶部一般比隋代的高，这是因为此时在幞头内衬以巾子的缘故。郭若虚《图画见闻志》卷一曰『巾子裹于幞头之内』，清朝王鸣盛《十七史商榷》卷八二也说『盖于裹头帛下着巾子耳』。故而巾子的形状直

/唐代软脚幞头系裹示意图/

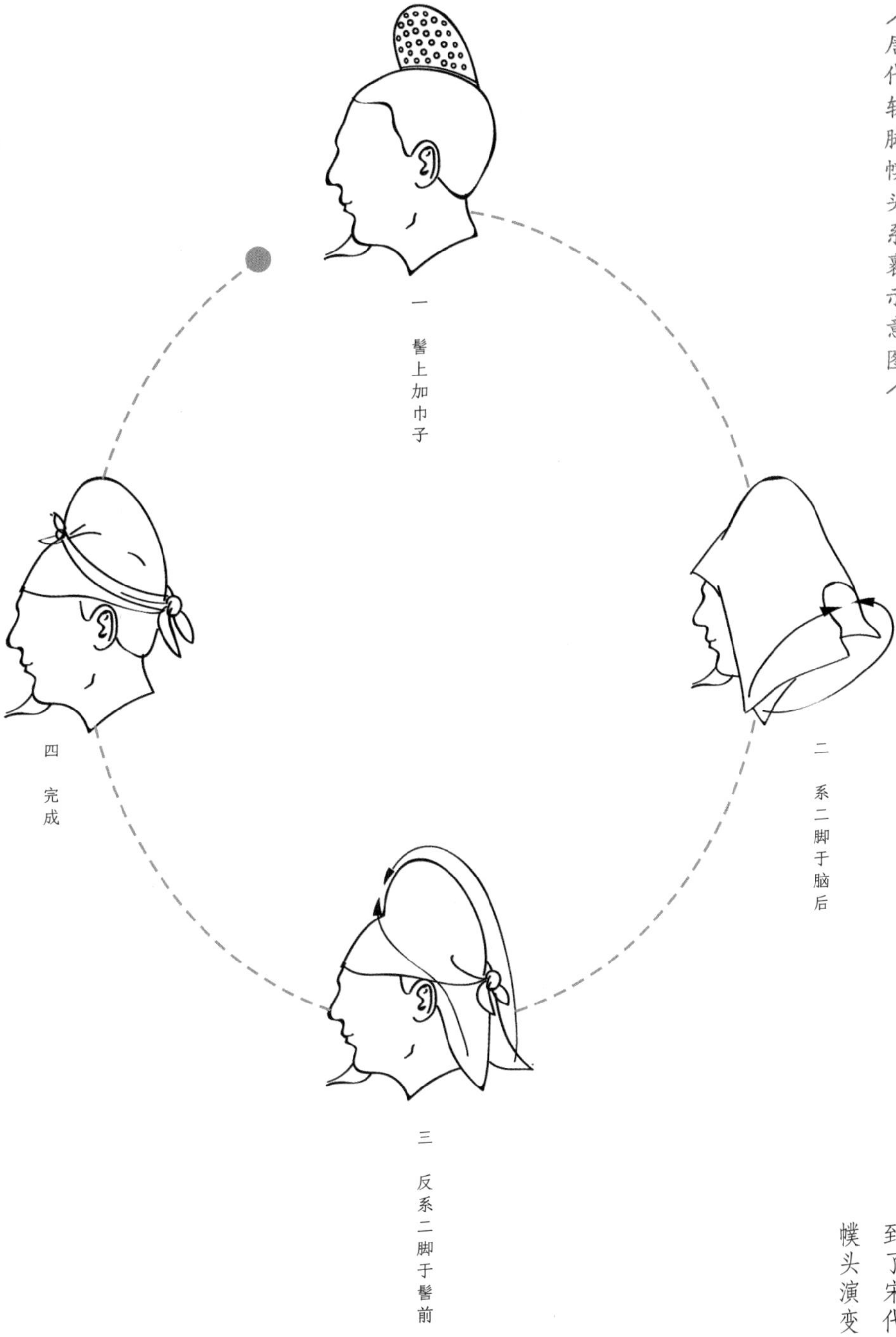
一
髻上加巾子
二
系二脚于脑后
三
反系二脚于髻前
四
完成

接影响着幞头的外观。

到了宋代，幞头之下不再包裹巾子。至明代，幞头演变成乌纱帽，仅在配圆领官服时穿戴。

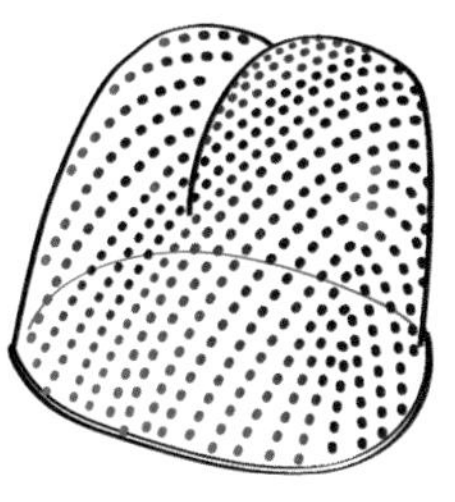

唐代巾子

隋唐女装，羽衣霓裳

随着大一统王朝的建立，各种服饰自上而下的传播流行成为可能，争奇斗艳的宫廷女装纷纷走出深宫庭院，被民间争相仿效。

隋唐女装已摆脱了汉代袍服（深衣）的影响，融入大量的外来因素，形成了一股鲜活新颖的潮流。无论是服装还是妆容皆大胆而脱俗，创造了中国古代审美趣味的一个高峰，令人目不暇接，叹为观止。

隋唐女装的基本构成是裙、衫、帔，尤其在唐代，从宫廷到民间，无论丰俭，这三件都是女子常备的服装。

几种风靡一时的女装

／隋代供养人画像／

——隋代壁画局部。依据敦煌莫高窟二九六窟供养人壁画绘制

画中贵妇内穿大袖襦裙，外披小袖衣，头梳平云髻。

／隋代贵妇的时髦打扮：『披袄子』／

——隋代壁画局部。依据敦煌莫高窟三九〇窟南壁供养人壁画绘制

隋统一后，上襦时兴小袖，贵妇们发明了一种新的穿法：内穿大袖衣，外披小袖衣，听任小袖下垂，名曰披袄子，一时蔚为风尚，连男子亦效法穿着，有点类似现代的披风。这种上衣多为翻领，小袖，衣长至小腿，内外不同色。如当作外衣单独穿着时，用钿镂带束腰，类似后来流行的胡服新装。

/高腰襦裙：最流行的隋唐女子套装/

套装形制：上襦（短上衣）加长裙，裙腰以绸带高系，几及腋下。

流变：这种套装样式始于汉代，变于魏晋，盛行于隋唐。起初朝着裙腰渐高、上衣渐短、衣袖渐窄的方向改变；盛唐之后又走向另一极端，衣袖加宽至三四尺，长裙拖地四五寸，夸张到朝廷必须用法令加以限制的地步。唐代女性尚丰盈肥美，高腰襦裙基本上不显示腰身，而且有把人拉长的视觉效果，故成为唐代女子服装的不二首选。唐代襦裙搭配的基本原则是：窄袖、低胸、高腰，裙长曳地，饰以纱罗做的帔帛（披肩），通常外穿一件小而短的半臂。

/《捣练图》中的高腰襦裙/

——唐代绢画，宋代摹本，现藏于美国波士顿美术馆

此图传为唐代著名画家张萱所作，描绘了盛唐时期长安城内宫中女子加工丝帛的劳动场面。画中三位妇人体态丰腴，均身穿高腰窄袖襦裙，配色典雅别致，披帔帛，头梳高髻，发饰花钿，插玳瑁梳子，代表了盛唐时期人物造型的典型风格。另外两个身穿胡服的小侍女，头上同样插着梳子。可见，插梳为饰是盛唐时期的服饰特征。

/火斗/

古时候的烫衣工具，形同一个平底的大勺，里面可以盛放燃烧的木炭，用以加热，熨烫衣料。

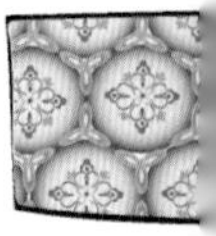

中唐以前，女子不论富贵贫贱，都穿高腰襦裙，款式差不多，区别在于面料和色彩。官宦商贾女子多用绫罗绸缎，大红大紫，色彩艳丽；而平民百姓则只能穿粗麻布衣，色彩不得夺目。

唐代短襦的领口有V形、U形、心形……怎么低怎么开，不用理会旁人的目光，端的是开放！

/唐三彩女坐俑/

——依据二〇一六年纽约苏富比拍卖唐三彩女坐俑绘制

这个可爱的女子梳着一个雁儿展翅的惊鹄髻，颈子戴一串细细的珠链，穿一袭窄袖高腰襦裙、锦半臂、帔帛，足蹬高翘的重台履，手持鲜花，笑盈盈地坐在筌台（薰笼）上。姿态大美。只可惜她在二十世纪四十年代被美国人买走，一直漂泊海外，以一次又一次的高价数度转手，最近的一次拍卖是二〇一六年的纽约苏富比拍卖，成交价为一百三十三万美金。

筌台（薰笼）

/内穿半臂的盛唐女子/

——依据陕西省西安市长安区郭杜镇唐墓出土三彩女俑绘制

此女子体态丰腴，梳着一个倭堕髻，内穿半臂，外穿宽袖高腰襦裙，披帔帛；足穿尖尖翘翘的黄色勾鞋，笑眯眯地双手捧着果盘。可见半臂既可内穿也可外穿。

/半臂与帔帛：上行下效的时尚标志/

半臂又名半袖，顾名思义，是一种短袖上衣，乃是从短襦演变而来的一种服饰，出现于汉魏时期，又称绰子，至隋朝逐渐流行，唐代形成定制。半臂形制有对襟、套头、翻领或无领式，袖长及肘，身长及腰，以小带子当胸系结。初唐时为宫中侍女着装，后传入民间，成为流行常服，百姓不分男女贵贱都爱穿它。据记载，唐玄宗曾赐安禄山『紫绫衣十副，内三副锦袄子并半臂』。

制作半臂的材料通常为织锦，唐代有特制的半臂锦，锦纹根据半臂的款式设计织造，所以半臂又称为锦半臂。此外也有其他面料的半臂，或单或夹。半臂通常穿在长袖衣外，也有穿于内的，但不单穿。

初唐时的半臂紧身裹体，盛唐时变得肥大宽松，唐代后期，随着襦裙的不断『膨胀』，半臂走向衰落。

帔帛即长巾子，大约产生于西亚，后被中亚佛教艺术所接受，向东传入我国。帔帛以往只出现于神话故事或佛教画像中的人物服饰上，至隋唐时，这一神仙身上的饰物已流入寻常百姓家，成为普罗大众人手一件的流行穿戴，也是女子套装不可或缺的一部分。开元年间，皇帝曾诏令皇宫女官在参加盛大宴会时，一律披帔帛。

帔帛一般用印花或金银粉绘花的薄纱罗制作，穿戴时一端固定在半臂的胸带上，再披搭于肩，旋绕于手臂上。

半臂加帔帛，是当时十分流行的时尚装扮。

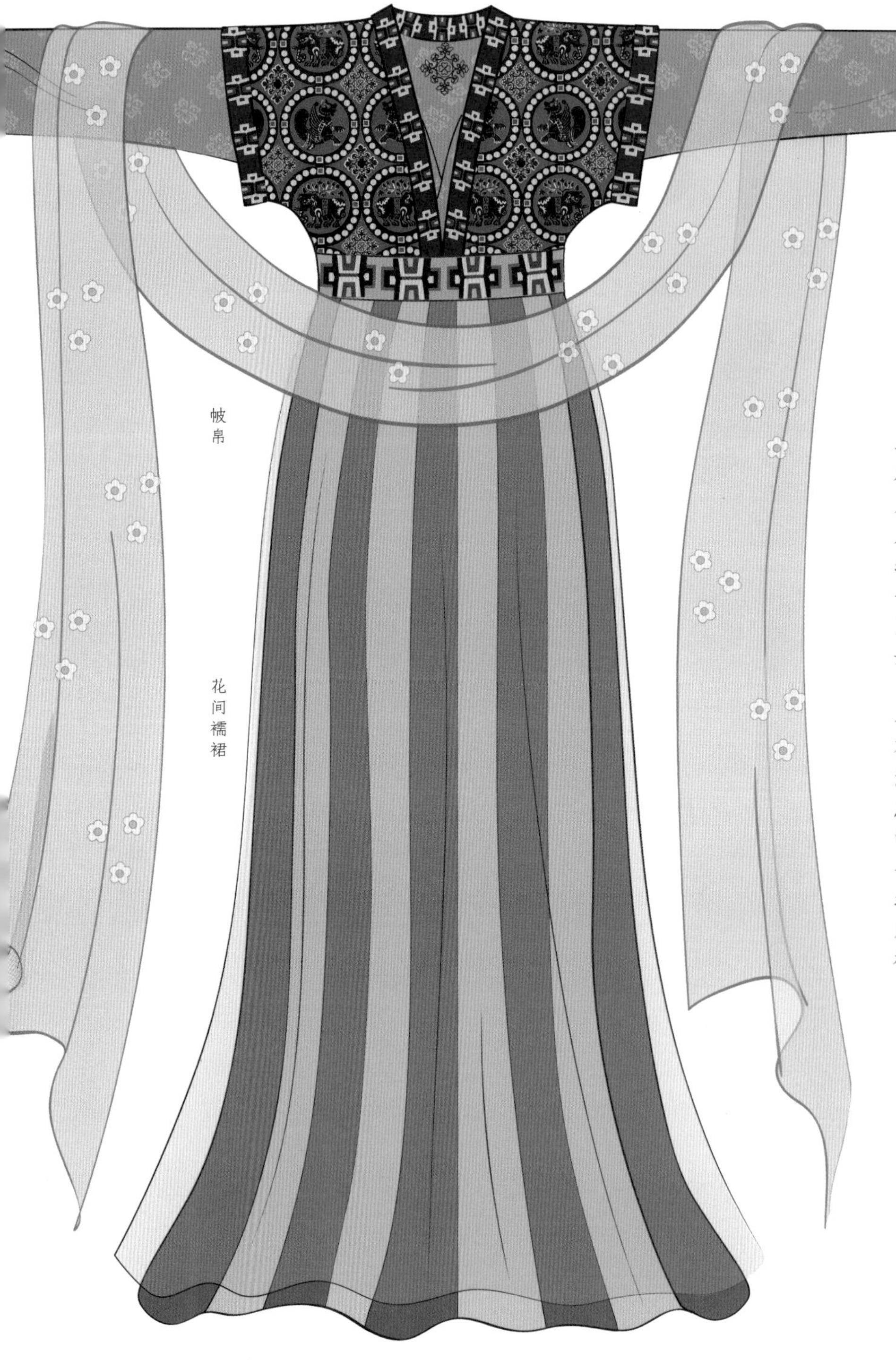

/联珠纹锦半臂与花间襦裙/

团形图案是唐代织绣纹样中运用较多的一种构图，不论动物还是植物，都爱以这种形式表现，如宝相花、联珠纹等。联珠纹以大小相等的圆珠围成团形，团内置龙、凤、狮、马、猪、牛、羊、鹿、骆驼、孔雀及人物等图形，具有浓烈的异域风格。

／婀娜多姿的花间襦裙／

隋唐时期的年轻女子非常爱穿一种间色条纹裙，又叫花间裙。花间襦裙多以两种以上颜色的布条互相间隔而制成，如红绿、红黄及红蓝等。

花间襦裙始于两晋十六国，盛行于初唐，盛唐之后随着织染技术的发展和布料图案的日益丰富而渐息。

据《旧唐书·高宗本纪》记载，『其异色绫锦，并花间裙衣等，糜费既广，俱害女工。天后……常着七破间裙』，说武则天喜欢穿间了七幅条纹的花间襦裙，工艺要求既高，价格亦十分昂贵。可见那时的宫廷裁缝不好混，必须心灵手巧，拼得一手好布条。

唐朝诗人李群玉曾专门写诗赞美身穿花间襦裙的美人，诗曰：『裙拖六幅湘江水，鬓耸巫山一段云。风格只应天上有，歌声岂合世间闻。胸前瑞雪灯斜照，眼底桃花酒半醺。不是相如怜赋客，争教容易见文君。』

这首诗活脱脱再现了一位丰腴的唐朝美女，她裹在一条红黄相间做工精致的条纹裙里，施施然从历史深处向我们走来，时空的风吹皱了裙袂，大唐的时尚如行云流水，滋润了我们的眼睛……

/联珠纹锦/

联珠纹织物起源于波斯，通过丝绸之路穿过茫茫大漠来到中国，始见于魏晋，盛行于唐代，并融合了本土元素，多用于胡帽、半臂及袍衫上。

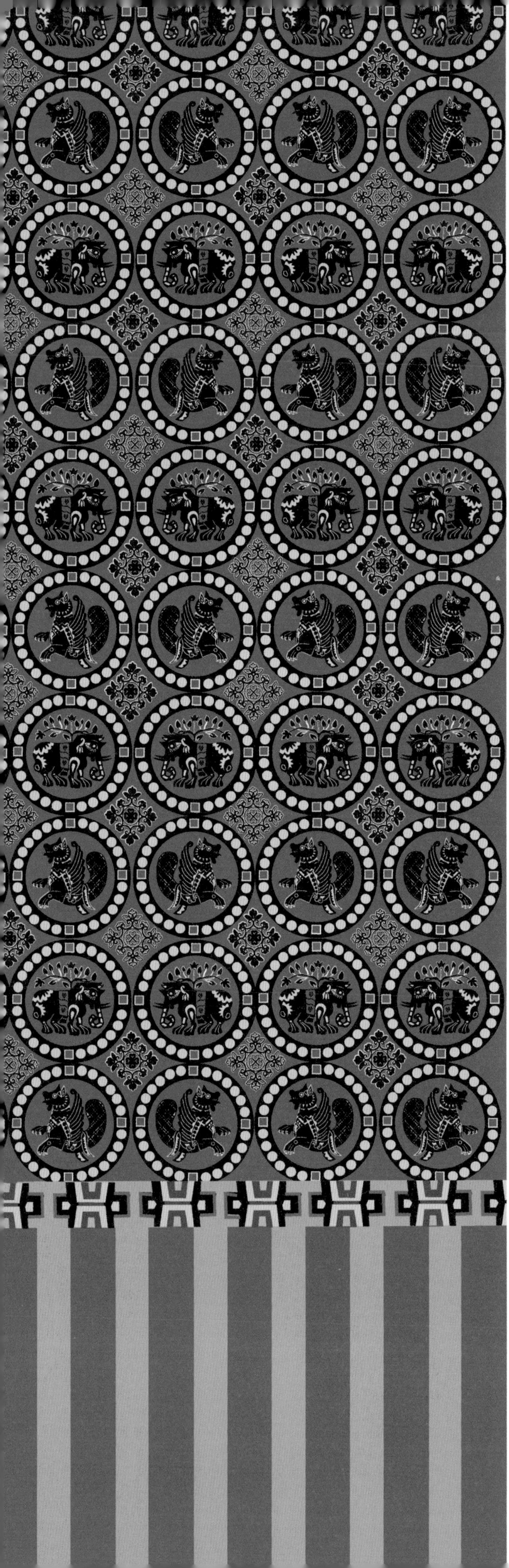

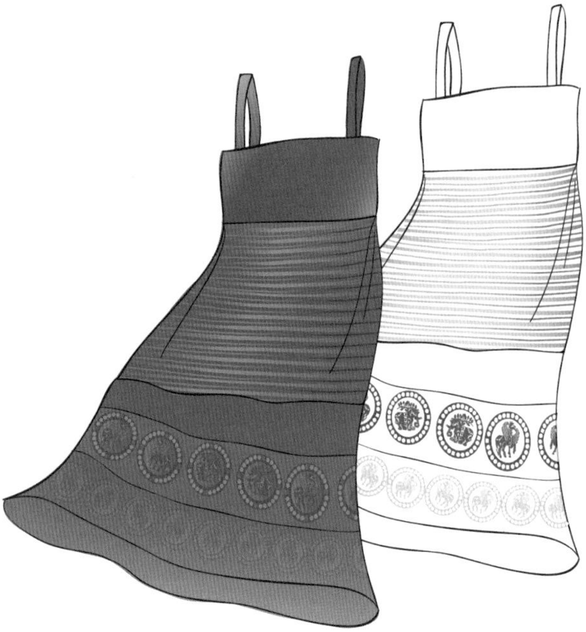

／唐代印有联珠纹图案的吊带连衣裙／

——依据中国丝绸博物馆馆藏文物绘制

穿吊带裙的女子

/艳若晚霞的石榴裙/

盛唐之后，花间襦裙逐渐退出时尚舞台，被更为浓艳鲜丽的石榴裙所取代。石榴裙因用石榴汁漂染而得名，色泽艳丽若晚霞，在盛唐时期大受欢迎，上至贵族，下至百姓都非常爱穿这种火红的石榴裙。于是乎，长安街头美人争相斗艳，满街的石榴裙仿佛飘落的晚霞，染红了长安的巷道……

这条千娇百媚的石榴裙因为流行太广，后

来就成了古代年轻女子的代名词，亦牵动了无数文人骚客的情思，如武则天爱它『不信比来长下泪，开箱验取石榴裙』，李白夸它『移舟木兰棹，行酒石榴裙』，白居易赞它『眉欺杨柳叶，裙妒石榴花』……

/笏头履/

此履起源于魏晋南北朝。高高翘起的鞋头能把曳地的裙摆收起，方便行走。无论从美观还是功能而言都是很好的设计。

/穿石榴裙的唐代美人/

——依据新疆吐鲁番阿斯塔那张礼臣墓出土绢画《舞乐图》绘制

这位美人内穿窄袖衫，外罩半臂，披帔帛，酥胸微露，下穿石榴裙，脚踏笏头履，风姿绰约。

/《簪花仕女图》中的纱罗大袖衫/

——唐代绢画局部，现藏于辽宁省博物馆

除了襦裙，盛唐时期还流行用薄纱罗制成的大袖衫。

据传为唐代画家周昉的画作《簪花仕女图》，就再现了这种飘逸美丽的女装。图中的唐代贵妇头顶簪花，插金步摇，手臂戴钏，内穿团花高腰抹胸裙，外穿大袖纱罗直领开衫，披帔帛。雍容华贵。

如此开放大胆的着装风格，从中晚唐时期一直流行到五代。

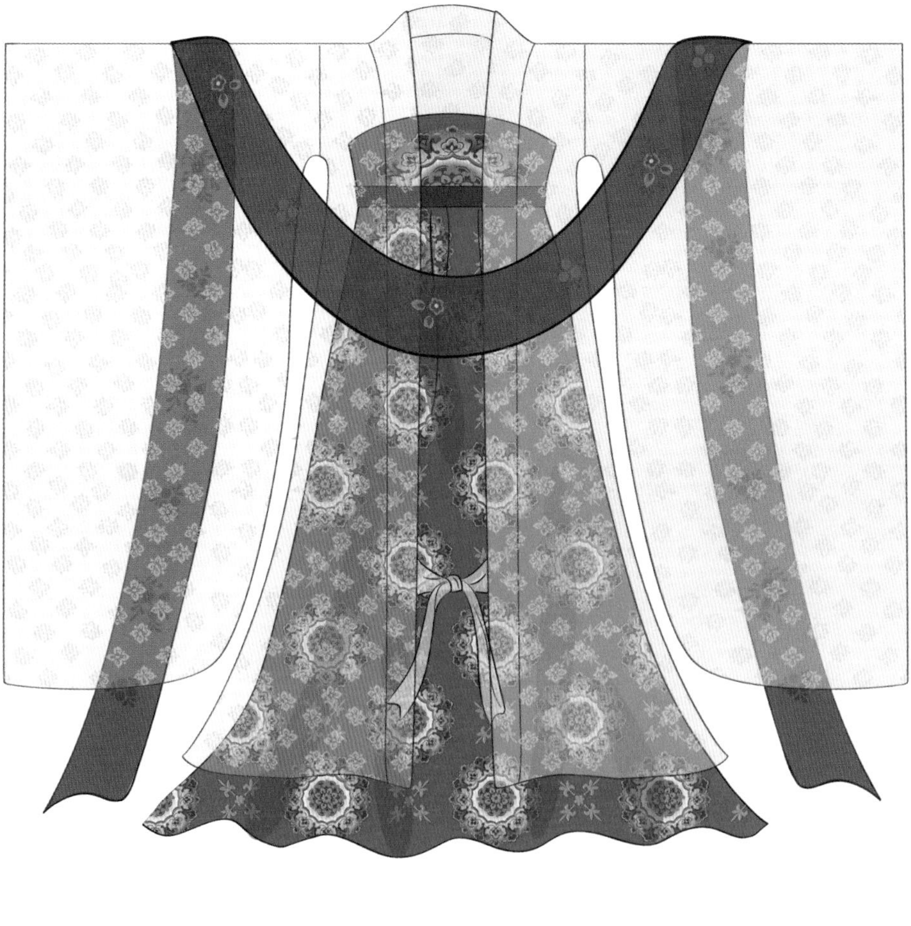

／钏／

又名条钏、臂钏，是用捶扁的金银条盘绕旋转而成的弹簧状套镯，少则三圈，多则十圈、八圈不等，可以调节松紧。钏在唐宋时期非常流行，即使到了今天，这种首饰仍然很时尚。

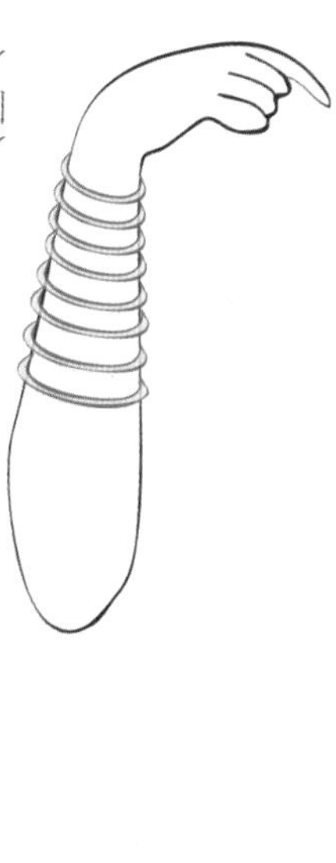

/宝相花纹样/

宝相花又称宝仙花、宝莲花，以它为纹样的装饰曾盛行于隋唐时期。

所谓『宝相』是佛教徒对佛的庄严形象的尊称。因此宝相花象征着圣洁、端庄和美丽。

宝相花是唐代织物纹样中最常见的一种。它师从自然，是集莲花、牡丹等花卉的花瓣、花苞、叶片特征于一体，经过艺术加工、组合而成的一种新的高于自然的概括纹样。宝相花纹多选取正面俯视的角度来表现，中心为圆盘状的莲蓬，莲瓣向四周呈多层放射状均匀排列，造型饱满。

唐代的宝相花纹，在着色上更吸收了佛教艺术的退晕方法，以浅套深逐层变化，使图案具有雍容华丽的美感。魏晋、隋唐时期常用于金银器、陶瓷器皿、纺织品和建筑的装饰上。

《簪花仕女图》中的另一个唐代贵妇，梳高髻，戴花冠，插步摇；内穿高腰织花锦抹胸长裙，外罩绛色薄纱罗大袖衫，披帔帛，真是『慢束罗裙半露胸』『绮罗纤缕见肌肤』……

这个唐代贵妇头梳高髻，戴花冠，插金步摇；身上外穿大袖薄罗夏衣子，披帔帛，内穿高腰抹胸石榴长裙。

/穿胡服新装的侍女/

——陕西省西安市韦顼墓出土石椁刻线画，现藏于陕西历史博物馆

这三个侍女皆外穿翻领小袖衣，内搭圆领衫，下穿条纹裤，腰束蹀躞带。左一、左二侍女皆头戴金锦浑脱帽，右一侍女头梳如俊鹘展翅的双髻；右二、右一侍女皆足穿锦鞋。

大唐气度：女子穿胡服与男装

经过魏晋南北朝长达三百多年的社会大撕裂、大冲撞，汉胡文化得到了较为彻底的相互融合，而重新建立了大一统王朝的唐朝，更是自信满满，表现在服装上便是兼容并包，百花齐放：男装干脆把鲜卑族的圆领窄袖袍直接用作了公服，而女子也爱穿各式胡服和男装，展现了一种另类的俏皮与潇洒。一时间，长安街头及疆域之内，到处是穿着胡服和男装的女子，真是风气开放，气度非凡。

与胡服配套的鞋子

胡服新装与蹀躞带

唐代前期，民间盛行一种胡服新装。女子的标准装扮为：头戴金锦浑脱帽，身穿翻领小袖齐膝长袄或男式圆领衫，下穿条纹间道锦小口裤，腰系金花装饰的钿镂带或蹀躞带，足蹬软底透空紧靿靴；梳一个如俊鹘展翅的双髻，面部妆容为额上点黄色星点，双颊画二月牙，嘴角酒窝处加点胭脂，可谓英姿飒爽、利落俏皮。

另有一种女子混搭装扮：上穿襦裙，下穿条纹小口裤，或身穿半臂长裙，披帔帛，头戴金锦浑脱帽。可见服装混搭的穿法早在唐朝就有了，并非现代人的发明。

/蹀躞带与蹀躞七事/

蹀躞带原为胡服的专有配饰。北方草原民族以游牧为生，居无定所，平时所用的一应器具都随身挂在腰间的革带上。这种腰佩器物的风俗，约在魏晋南北朝时期传入中原，受到汉人尤其是一些武士的赏识。发展至唐代，形成制度，无论文官武将，都束这种腰带，腰带上的什物多达七种，俗称『蹀躞七事』。当时的妇女也纷纷仿效，不过已不具实用性，只留下了几条垂直的装饰带。

/穿团花锦翻领小袖胡服的唐代新疆女子/

——依据新疆吐峪沟出土绢画残部复原的服装

这件复原的小袖胡服应为唐代早期胡服的典型样式：翻领、对襟、窄袖、镶锦边，与之搭配的标准服饰是条纹裤、圆领衫、蹀躞带。

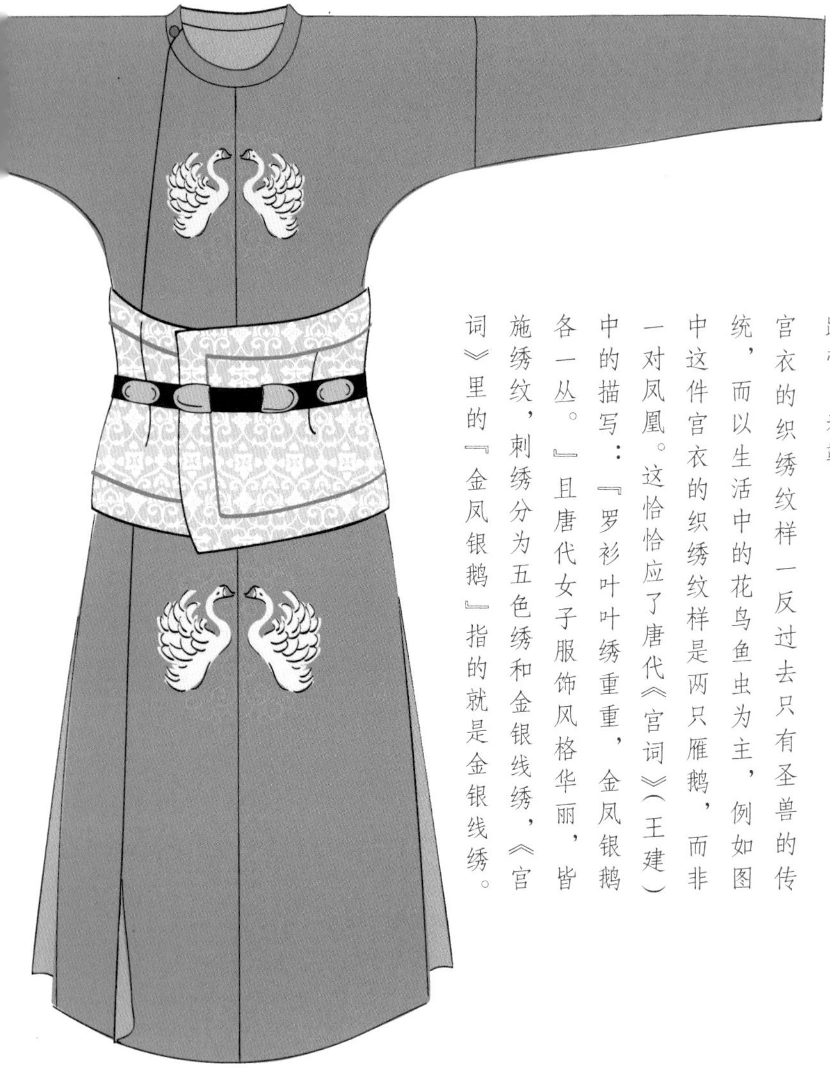

/宫衣：宫中女子的男装/

唐朝是一个风气开放的时代，女子好穿奇装异服，包括男装。上自公主嫔妃，下至宫女侍女，都喜爱穿一种源于男子公服的团花长袍，称为『宫衣』，标准的搭配是头裹幞头，身穿圆领窄袖袍，系腰袱或蹀躞带，着靴。

宫衣的织绣纹样一反过去只有圣兽的传统，而以生活中的花鸟鱼虫为主，例如图中这件宫衣的织绣纹样是两只雁鹅，而非一对凤凰。这恰恰应了唐代《宫词》（王建）中的描写：『罗衫叶叶绣重重，金凤银鹅各一丛。』且唐代女子服饰风格华丽，皆施绣纹，刺绣分为五色绣和金银线绣，《宫词》里的『金凤银鹅』指的就是金银线绣。

/标准的宫衣装束：圆领窄袖袍、腰袱/

——依据南唐壁画《韩熙载夜宴图》局部绘制

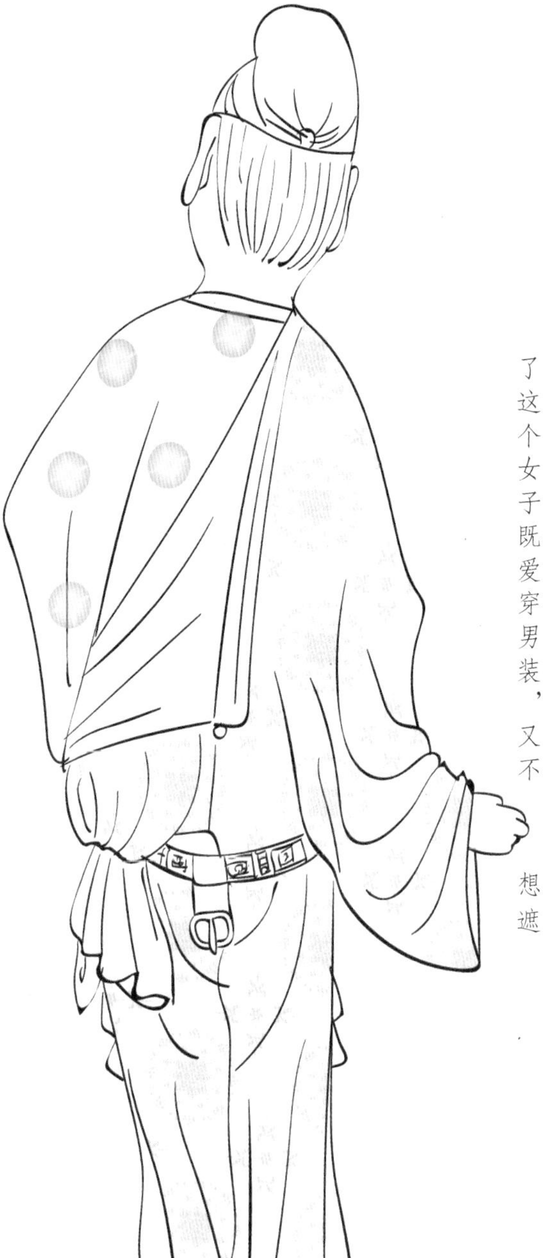

/穿男装的唐代女俑/

——依据甘肃省庆城县穆泰墓出土女俑绘制

开元、天宝年间，女着男装的风气从宫中蔓延至上流社会及普罗大众。据《旧唐书·舆服志》记载，开元初年，女子多『着丈夫衣服靴衫』出现。图中这位开元十八年（公元七三〇年）的唐代俏女子头戴幞头，身穿圆领袍，腰束革带。灰黑色的袍服只套上一只袖子，另外半边敞开，露出内里的粉色衣袖和扎染的蓝底粉花半臂；袍服的下摆亦撩起半幅，掖于革带下，露出了里面穿的大红印花裤子，生动地再现了这个女子既爱穿男装，又不想遮掩自己爱艳丽色彩的女子心态。端的是撩煞人眼，惹人遐思。

至于那件扎染的蓝底粉花半臂，从露出的下摆看，应是一件男装半臂。唐代的男女半臂款式不尽相同。女子半臂较为紧身，有对襟和套头等形式，有V形领与U形领之区别，长度仅及腰，多穿于外，内穿窄袖衫。而男子半臂则长及腰下，多为交领，衣料分上下两截，腰上一般为锦绣织物，腰下为素色织物，多穿于袍服之内，形制与穿法应当是受西域的影响。

男款半臂

• 敦煌壁画中的唐代服饰

敦煌艺术是古代中国人敬献给佛教的无价瑰宝，也是无数古代工匠用心灵、体力、工具为人类留下的关于那个时代的辉煌图像。其中的供养人画像对服装史而言，是不可多得的珍贵资料。以下撷取三幅宝贵的唐代供养人画像，让我们来近距离欣赏一下大唐边塞城市的时尚衣装。

／《乐庭环夫人行香图》中的时尚贵妇／

——敦煌莫高窟一三〇窟甬道壁画局部，依据段文杰摹本绘制

这幅盛唐时期的壁画生动地展现了唐朝贵妇的绰约风姿。

画中体量最大者为此画的主角——晋昌郡都督乐庭环的夫人王氏，紧随其后的是她的两个女儿十一娘和十三娘。王氏的丈夫是五品官，她自然便是五品夫人。但见她丰颊肥体，身着符合唐制规范的命妇盛装：

碧罗花衫，绛地花半臂，红底花裙，白罗花帔；足蹬云头革履，上嵌珠饰；梳个『两鬟抱面』的开元天宝『时势头』，头顶的发髻『朵子』做『抛家髻』，上插鲜花、簪、金钿及梳子。真个是雍容华贵，气定神闲。她身后的十一娘和十三娘，分别穿黄、绿色半臂和印花襦裙，一梳高髻，一戴凤冠，同样纱帔披肩。十一娘的面部还贴了花钿，并用丹青点画了六枚『妆靥』，这是盛唐时期十分流行的面部妆容。后面的侍女均穿圆领男装，打扮朴素，发式或为『盘桓髻』，或为『双垂练』。『双垂练』的发式在唐代主要流行于歌舞伎与奴婢之中。唐朝的阶级之分，在此幅壁画中，一目了然。令人遗憾的是，这幅美丽的壁画现在已被时间和环境吞噬，人们只能在摹本中一睹其芳姿了。

/《宋国河内郡夫人宋氏出行图》中的新潮男装/

——依据敦煌莫高窟一五六窟北壁壁画局部绘制

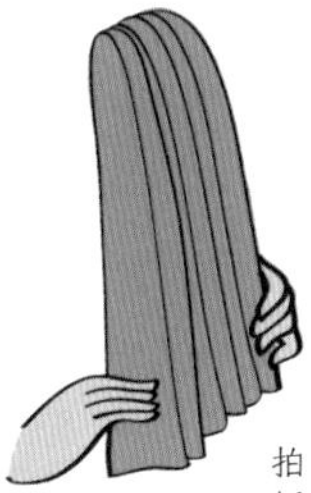

拍板

此窟本为唐代河西十一州节度使张议潮的功德窟，其夫人宋氏受封为『宋国河内郡夫人』，故称为宋国夫人。张议潮是当时西北部地区的最高领导，驻节敦煌，故其夫妇二人在当地享有至高无上的地位。这里撷取的是壁画『宋国夫人出行图』中的一部分，主要展现了晚唐时期的男装风采。画中有乐工七人正在演奏器乐，他们头戴锥形毡帽，身穿唐代流行的窄袖圆领袍服，腰系革带，足蹬乌皮靴，为当时西北地区典型的潮流装扮，相当于现代的男士潮服。

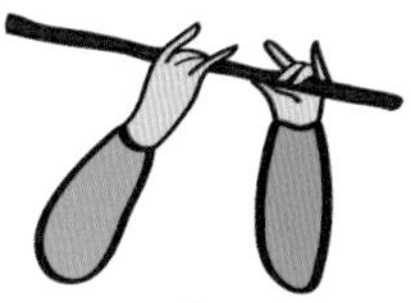

笛子

图中乐器有琵琶、笙、笛子、箫、拍板、羯鼓等，均为来自西域的胡乐。正应了元稹诗中所言『女为胡妇学胡妆，伎进胡音务胡乐』。可见当时女子嫁给胡人，坊间流行胡乐，都是时髦的事情。大唐气派，名不虚传。

笙

羯鼓

/梳双环髻的侍女与孩童/

——依据敦煌莫高窟一三八窟壁画局部绘制

在唐代的敦煌，不论身份高低，人人皆可供养佛窟，富者开窟造像，贫者量力出资。只要出了资，即可登入供养人队列，在壁画中占有一席之地。

这幅壁画中的侍女虽然身份低贱，却也衣衫鲜丽地跻身于供养人之列。只见她身穿高腰襦裙，披帔帛，怀抱主人家的婴儿。图中的三个孩童穿着翻领小胡服，腰系腰袱，均为唐代民间的居家服装。

• 惊世骇俗的唐代化妆术

气质奔放的大唐，不仅衣装艳丽大胆，兼容并包，就连化妆术也花样百出，惊世骇俗，仿佛并非为了取悦他人，而纯粹是为了标新立异或展现自我，堪称我国历代化妆术中最富特色和最具创造力的先锋。

/唐代女子的化妆顺序/

一、敷铅粉；二、抹胭脂；三、画黛眉；
四、贴花钿；五、点面靥；六、描斜红；
七、涂唇脂。

/铅粉/

是我国使用最早的化妆品之一，其成分主要包含铅、锡、铝等金属物质，早在夏商时期就出现了，制作工艺复杂，主要用来敷面，可使皮肤保持白嫩光洁。成语『洗尽铅华』中的『铅』，指的就是涂在脸面上的铅粉。唐人化妆，通常会敷上厚厚的铅粉，乃至卸妆时洗脸的金花盆里都沉淀了一层『银泥』。

唐代著名诗人元稹有诗《恨妆成》，生动地描写了唐代女子化妆的步骤与特点：

『晓日穿隙明，开帷理妆点。
傅粉贵重重，施朱怜冉冉。
柔鬟背额垂，丛鬓随钗敛。
凝翠晕蛾眉，轻红拂花脸。
满头行小梳，当面施圆靥。
最恨落花时，妆成独披掩。』

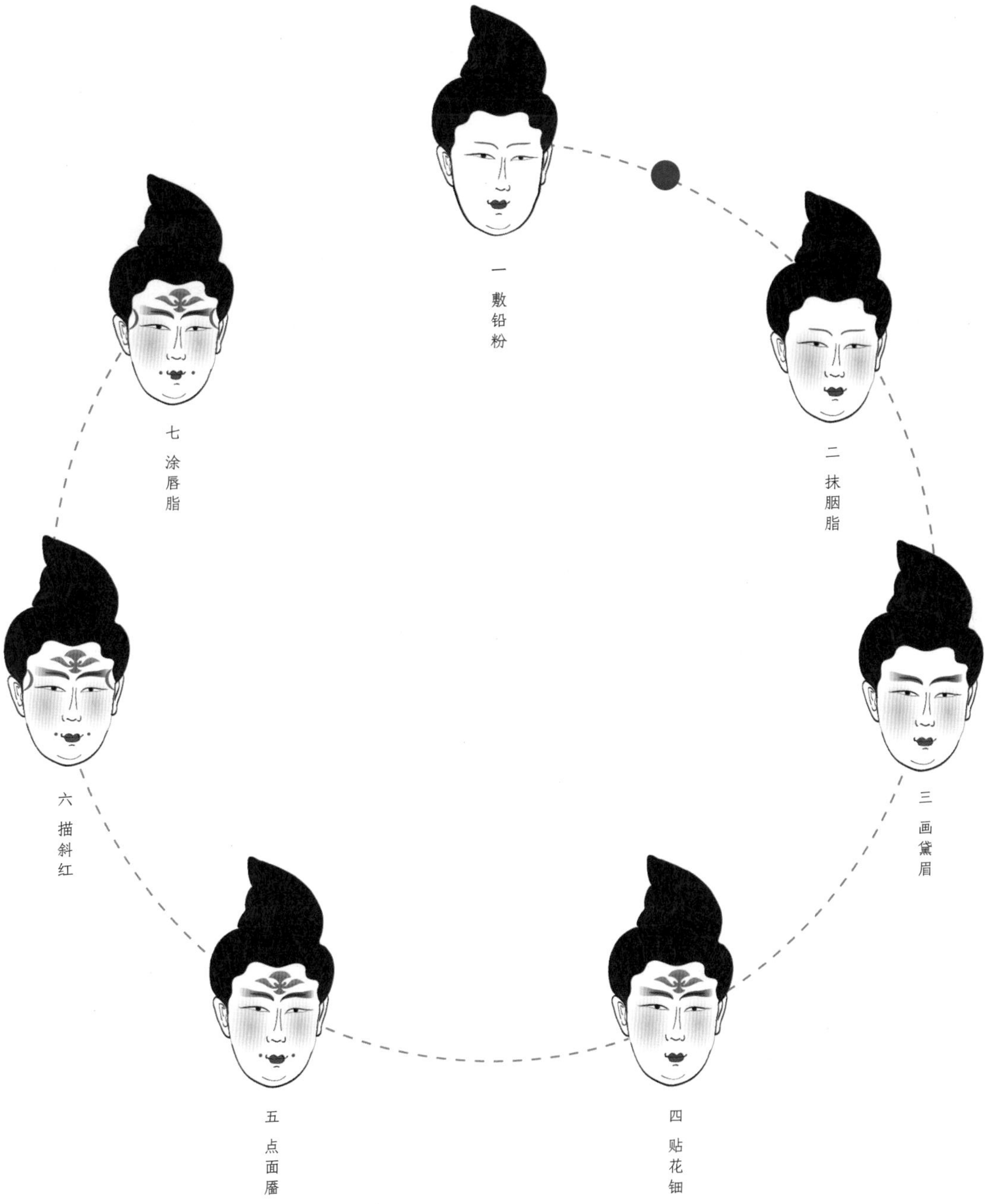
一 敷铅粉
二 抹胭脂
三 画黛眉
四 贴花钿
五 点面靥
六 描斜红
七 涂唇脂

/画黛眉/

『黛』本是一种黑色颜料，古代女子用以画眉。汉代刘熙《释名·释首饰》曰：『黛，代也，灭眉毛去之，以此代其处也』。就是说化妆者画眉时须先将自身眉毛剃掉，再用『黛』重新描画。

画眉自古以来就是中国最常见的一种化妆方式，最早见于战国时期，而唐代的画眉方式是流行画翠眉与晕眉。曾几何时，满街的妙龄女子人人挑着绿幽幽的翠眉行走，仿佛把萱草的颜色都比将下去了（见万楚诗『眉黛夺将萱草色』）。因为翠眉风头太劲，唐代前期画黛眉反而成了稀奇事，直至杨贵妃『作白妆黑眉』，广大宫中女子和民间女子才争相效仿，转而画起了『新妆』即黑眉（见徐凝诗『一旦新妆抛旧样，六宫争画黑烟眉』）。时尚的流转也如朝代的轮替，及至晚唐，翠眉已消失绝迹，黑眉重又流行起来。

唐代很注重眉毛的形状。传闻唐明皇曾令画工作『十眉图』，规定了十种眉型的画法。简单而言，唐代的眉型无非细眉与阔眉两种。

细眉当如唐代诗人赵鸾鸾所写的《柳眉》：『弯弯柳叶愁边戏，湛湛菱花照处频。妩媚不烦螺子黛，春山画出自精神。』螺子黛是隋唐女性使用的一种画眉材料，产自波斯，经过加工制作，定型为各种形状的黛块，亦称『石墨』或『画眉黛』，使用时无须研磨，只需蘸水即可。

阔眉则是指短而浓阔，状如桂叶或蛾翅的眉型，画的时候须将黛色晕散，才能达到效果。如《簪花仕女图》中的贵妇，人人都画了这种『新桂如蛾眉』（李贺诗句）的惊人阔眉。

常见的唐代眉妆一般有八字眉、广眉、长眉、愁眉、蛾眉、月眉、阔眉、细眉（柳眉）等。

/额黄/

唐代女子还时兴在额头上涂黄粉，号称『额黄』。这种妆容起自南北朝，盛行于唐代，一直流行到北宋，是否受北方少数民族的影响，尚有待考证。

/花钿/

花钿，又名花子、媚子，是一种女子面饰，贴于眉心处。花钿起源于一个美丽又浪漫的传说，据《事物纪原》引《杂五行书》，传言南北朝时期，南朝宋武帝的女儿寿阳公主某日在含章殿檐下犯困，睡着了，树上的梅花落在她的额头上，醒来后她拂去梅花，却拂不去印在额上的梅花印记，用水洗了三天才洗掉。宫女们见了都觉得新奇好看，争相效仿，遂成妆俗。此种风俗至唐代发展到极致，花样繁多，美不胜收：以五彩花纸、金银箔、鱼鳃骨、鲥鳞、蜻蜓翅、茶油花饼等诸般材料剪成花样，平日置于『花合』中，用时取出，用呵胶粘贴在眉心处，也有用脂粉描绘各种纹样的。呵胶是一种原用于黏合羽箭的原料，产于辽水之间，唐代之后成为妇女化妆的必需品。花钿有红绿黄三种颜色，红色最为常用。

/妆靥/

在面颊上点画赤点称『靥』，起源久远且复杂。一说起于东吴，但实际上汉魏以来就有在面颊上点赤点的化妆术，当时称此种面饰为『的』，《释名·释首饰》：『以丹注面曰的；的，灼也。』因发音相同，写法相近，『的』字后来讹传成『的』，历代诗人均有在诗作中误用的，此处不再提。

/时世妆/

时世妆，又称『啼妆』，是流行于唐代天宝年间的一种妆容，堪称历代女子妆容中最另类、最惊世骇俗的化妆术。据说这种妆容来自当时位于西北部地区的

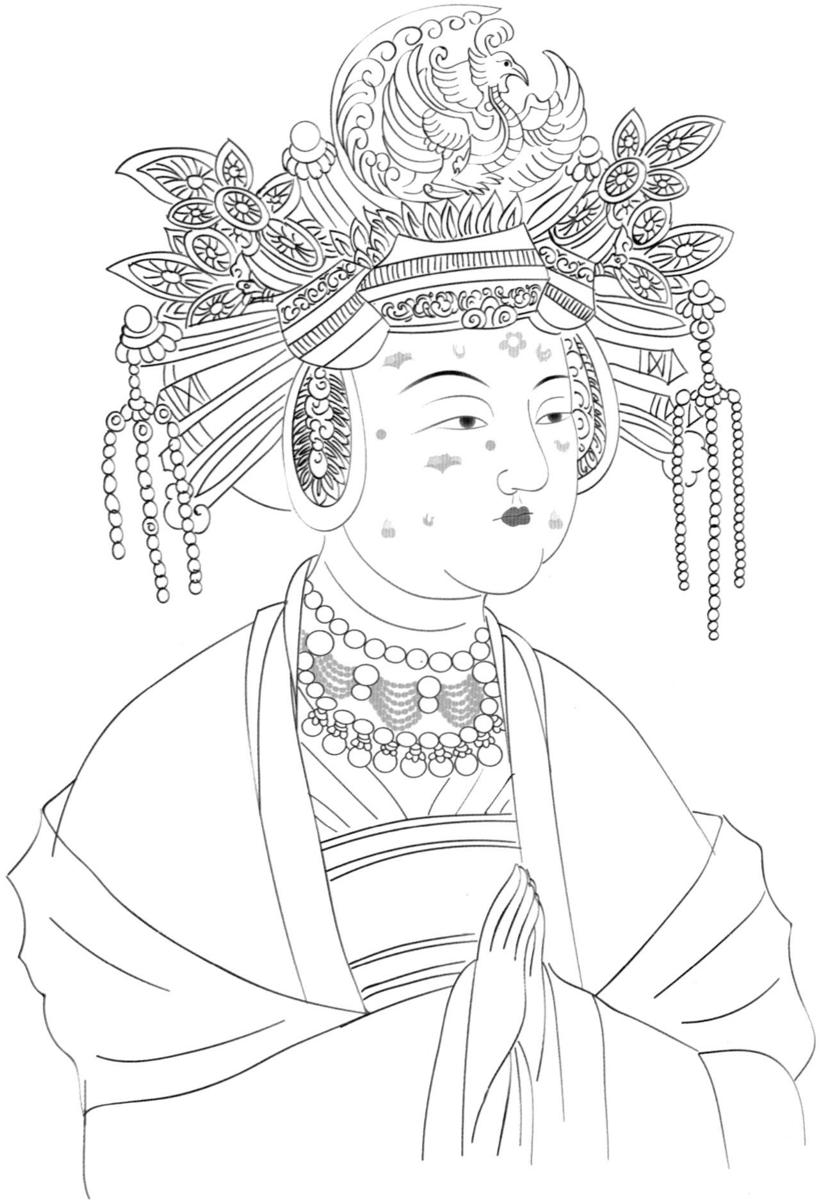

/斜红/

斜红在唐代并非指散涂于面部的胭脂，而是专指画于靠近眼角处面颊上部的两道红色的月牙儿。唐代诗人罗虬在《比红儿诗》中咏道『一抹浓红傍脸斜』，形象生动地写活了这种妆容的魅力。

少数民族，传入中原后，在长安宫廷及民间流行开来，至元和年间越发泛滥，以至于唐代大诗人白居易专门写了一首诗来描绘这种吓人的妆容：

『时世妆，时世妆，出自城中传四方。时世流行无远近，腮不施朱面无粉。乌膏注唇唇似泥，双眉画作八字低。妍媸黑白失本态，妆成尽似含悲啼。圆鬟无鬓堆髻样，斜红不晕赭面状。昔闻被发伊川中，辛有见之知有戎。元和妆梳君记取，髻堆面赭非华风。』

可以想象，这种剑走偏锋的妆容与过去流行的脂红粉白的红妆有多么不同！画时世妆的女子，不施脂粉，涂着乌黑的唇膏，画着或粗短或长宽的八字眉，头发向上梳成环状发髻，不加发饰，面颊斜抹上两块赭色颜料，画成仿佛要哭的模样。真是『貌不惊人誓不休』。可见唐代女子颇为任性，化妆似乎更多的是为了自己开心，任你大诗人讽刺『非华风』又如何？因此唐代除了惊世骇俗的时世妆，还流行过『口味』同样很重的酒晕妆、血晕妆、泪妆等等。我的脸庞我做主，唐代女子有腔调。

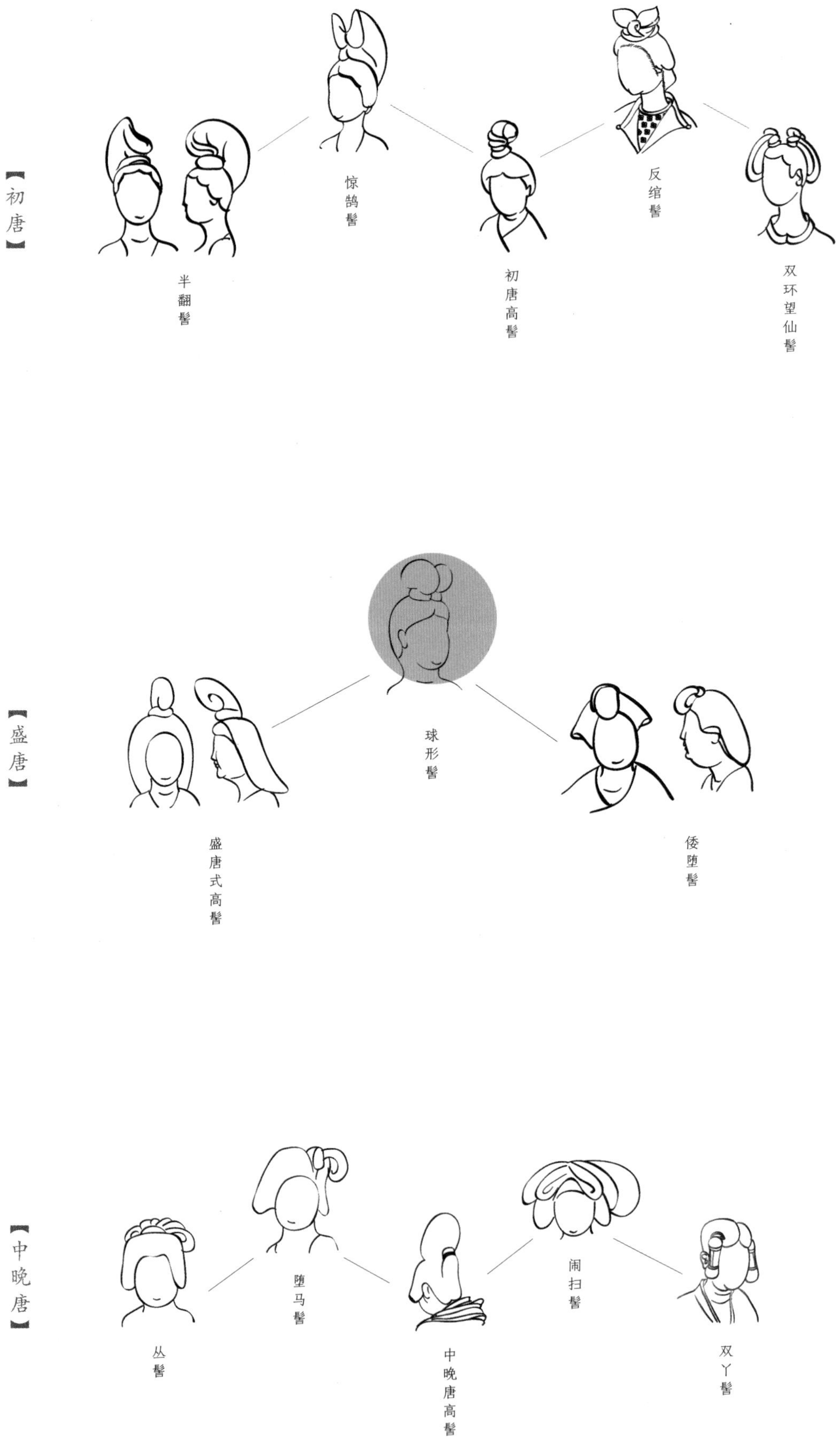
【初唐】
半翻髻
惊鹄髻
初唐高髻
反绾髻
双环望仙髻
【盛唐】
盛唐式高髻
球形髻
倭堕髻
【中晚唐】
丛髻
堕马髻
中晚唐高髻
闹扫髻
双丫髻

/女子发式/

唐代女子性好打扮，也会打扮，前期爱梳清俊的高髻，后期流行各种夸张膨大的义髻（假发），名目繁多，千姿百态。

／戴凤冠插花钗、梳，满头簪钗的盛装女子／

——敦煌莫高窟九十八窟东壁壁画局部，依据范文藻摹本绘制

／千姿百态的发饰／

唐代国运昌盛，生活富足，故女子拥有的装饰品种类繁多。富贵人家女子的头饰有冠、簪、步摇、发钗、梳篦等，手上有镯子、钏、指环等；普通平民家庭的女子也有最家常的几件头饰，如梳篦、簪子和发钗等。

／步摇／

步摇是中国古代贵族妇女特有的一种发饰，多以金银丝编为花枝，上坠珠宝花饰，插于簪、钗之上，随着步履行动而摇曳生姿。步摇早在魏晋时期便已盛行。不过魏晋时期主要是树形步摇，插在头上像几枝小树丫，而唐代的步摇是下垂的，坠着珠链，以金子制成，名金步摇。白居易曾在《长恨歌》里赞美杨贵妃『云鬓花颜金步摇』。

／戴步摇冠的女子／

——依据懿德太子墓石椁线刻画绘制

唐代玉梳子，梳头镶有金饰

——实物现藏于美国大都会艺术博物馆

梳篦

梳篦总称曰栉。女子于发髻之上插栉之风气亦源于魏晋时期，至唐宋风气更盛。唐朝的梳篦常用金、银、铜、玉、犀等名贵材料制作，上饰精美的花纹，也有木制的。梳篦造型独特，做工精良。高髻是唐代最为时髦且式样最多的一种发式，随之而起的插梳方式便流行开来。起初只在单髻前单插一梳，后来在两鬓上部或髻后又增插几把。至晚唐，则将两把梳篦合为一组，上下相对而插，有的在髻前及两侧共插三组。如此一来，女子头上所插的梳篦甚至可多达十来把，满头皆梳，十分夸张，大

头上插满小梳子的仕女

——依据周昉《调琴啜茗图》局部绘制

有不能承受之重之势。唐代诗人王建曾有《宫词》描写这种浮夸的插梳之风：『玉蝉金雀三层插，翠髻高丛绿鬓虚。舞处春风吹落地，归来别赐一头梳。』

菊花纹发钗

/发簪与发钗/

发簪为单腿，其作用是固定发髻或发冠。发钗则为双股形，作用是固定发髻。这两种头饰早在春秋时期就出现了。唐代的发钗有双股长短不一的，一股长，一股短，方便插戴。钗首装饰花朵的，称花钗，饰以凤凰的叫凤钗。随着发髻的增高，发钗的长度也不断加长，至晚唐，甚至出现了长达三四十厘米的发钗。浮夸之风，从『头』显现。

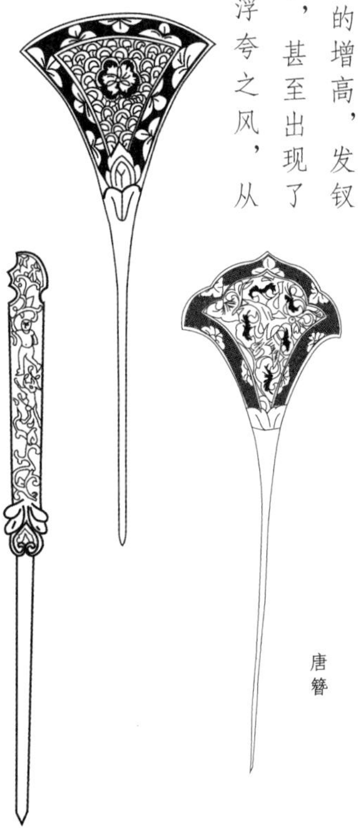

唐簪

●唐朝的鞋子：唐履

唐代的鞋子承袭了隋朝的特色，继而发扬光大，形成了自己丰富多彩的款式，从造型上可以分为高头鞋、平头鞋和深筒靴。高头鞋十分常见，丰富的变化集中在鞋头部分，如岐头履、小头履、云头履、笏头履、从头履都属于高头鞋。男子多穿平头鞋，女性喜穿高头鞋。因为女性着裙装，曳地长裙影响行走，高翘的鞋头能将裙摆托起，方便走路。

唐代鞋履的面料主要有布帛（麻、丝、绞、绸、缎、锦）、草葛（蒲草加葛藤）、皮革三类。据记载，当时江南一带的女子颇爱穿『费日害工，颇为奢巧』的高头草履，这种草鞋以『纤如绫』的蒲草丝编织而成，属于高档女鞋。

唐代鞋履的穿着讲究与服装搭配，协调色彩，比如青配橙，红配绿，黄配紫，在视觉上形成互补，对比鲜明。

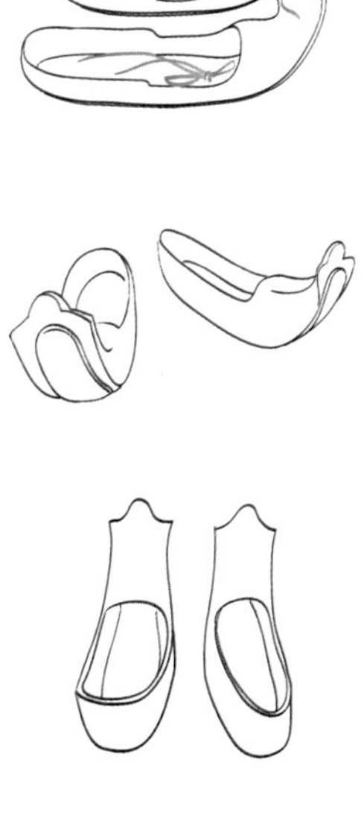

/唐代丝履/
图中这几双丝履是高头鞋，鞋身弯弯像只小船，翘起的鞋头与鞋面连成一体，缓缓而上，美观又俏皮。

/穿云头履的唐代少女/

——依据湖南省博物馆藏素胎双髻女侍俑绘制

这个可爱的唐代少女，头梳双髻，身穿开胸交领大袖宽摆襦裙，足踏时髦的云头履，利索地将曳地长裙揽于高翘的鞋头之上。想来她行走的姿势，必是恰如唐诗中所赞叹的『裙拖湘江六幅水』（李群玉）、『罗袜绣鞋随步没』（白居易）吧。

唐代鞋头

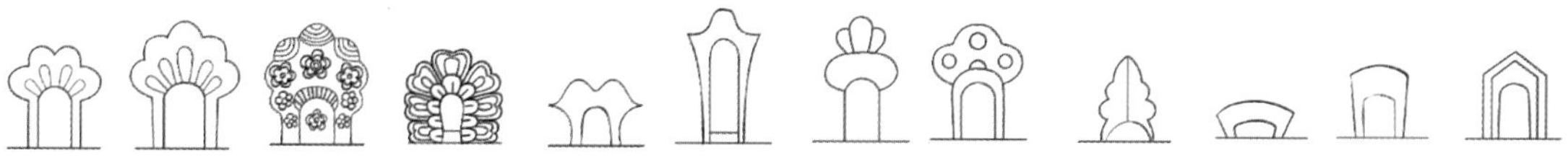

五代十国，汉胡交融

唐代解体后，社会经济并未停止发展，五代十国的分裂割据反倒使服饰文化的交融更为深化，这种情况在西北的边陲地带更为明显。

•回鹘装

回鹘装是唐代流行的又一种胡服，本为古代西北回鹘族的服饰，样式为窄袖翻领锦袍，袍领及袖口镶有锦边，已婚女子头戴桃形凤冠，有点像清真寺的圆顶。回鹘装一直流行到晚唐五代时期，前蜀的花蕊夫人有官词曰：『明朝腊日官家出，随驾先须点内人。回鹘衣装回鹘马，就中偏称小腰身。』连『官家』即天子也喜欢回鹘装，可见其当时受欢迎的程度。

/穿回鹘装的女子/

——五代壁画，局部。依据敦煌莫高窟六十一窟壁画绘制

此幅壁画中的三位女人，是敦煌的最高长官归义军节度使曹义金的眷属。五代时，回鹘势力在西北一带十分强大，曹义金为了巩固政权，采取联姻的方式加强与回鹘族的关系。他一方面娶回鹘公主为妻，同时将自己的女儿嫁给回鹘首领。在这一嫁一娶之间，不仅安定了地方，融合了血缘，也使汉回衣装你中有我，我中有你，交相辉映，共绽异彩。图中左一为曹义金的第一夫人回鹘公主，她头戴桃形凤冠，身穿刺绣大翻领凤穿花回鹘装，类似现代的连衣裙，手捧香炉，腰束绅带，足蹬笏头履。右二是曹义金的女儿，她嫁给了于阗国王。于阗盛产玉石，因此她满头簪玉，富丽堂皇。只见她身穿直领大袖衫裙，披翟鸟穿枝花刺绣帔帛，头戴玉石凤冠，饰以步摇与双耳环，颈戴玉项钏，腰束绅带，足穿笏头履，端的是雍容华贵。右一乃曹义金的汉族夫人宋氏，她的装扮是典型的混搭。但见她头戴桃形金凤冠，身穿汉式大袖襦裙，披帔帛，腰束绅带，足踏笏头履。她们的着装各有特色，也有相同之处，回鹘装中融入了汉装的绅带和笏头履，汉装中加入了桃形凤冠，可不是礼尚往来、相亲相爱的一家人吗？

回鹘公主

● 南唐的贵族男装

/豪门夜宴中的主人装束/

——《韩熙载夜宴图》，五代南唐绢画，宋代摹本，现藏于北京故宫博物院

《韩熙载夜宴图》据传出于五代南唐宫廷画家顾闳中之手，画的是南唐一个大官中书侍郎韩熙载某日家宴的全过程。

韩熙载因为不愿担任南唐宰相，便装疯卖傻，醉生梦死，每日里佯装流连声色，宴会宾客，放浪形骸……这一切，都被南唐后主李煜派去一探究竟的顾闳中看在眼里，记在心上，他回去后就执笔画了这幅名传千古的画作。

说来好笑，它其实是一份高质量的间谍报告而已，因为必须翔实，故而大到人物场景，小到衣饰器具，均不厌其烦地据实描绘，就像是一帧无声的定格录像，忠实地还原出千余年前五代时期的一个夜晚，一群贵族男女声色犬马、歌舞升平的瞬间。那个时代的衣饰器具、人物风貌，就这样

偶然地走出了历史……

画中人物的着装均为五代式样，女子穿窄袖襦裙，披帔帛，头梳高髻；男子着窄袖圆领襕袍，佩鱼袋，头戴软脚幞头。五名乐伎中两人吹的是横笛，另外三人竖吹的是筚篥，即『管子』。

/五代时期的襦裙/

五代时期的襦裙色彩较盛唐时期素雅，花纹比较细碎，帔帛也比唐代更窄，且裙腰开始向下降，上衣为对襟，内穿抹胸。这种襦裙式样一直延续到宋代。

男主角韩熙载在图中一共更衣三次，从中我们可以看见五代时期上流社会男性的家常打扮，并能一窥豪门夜宴的声光色影。

场景一：听乐。韩熙载头戴黑色峨冠，身穿深灰色袍服，坐于榻上，聆听琵琶演奏。

场景二：观舞。韩熙载脱去外袍，着浅黄色中衣，挽起衣袖，替舞者击鼓伴奏。

场景三：间歇。韩熙载重新穿上深灰色外袍，坐于榻上，在宠妓兼舞伎王屋山的服侍下洗手。

场景四：清吹。韩熙载脱去外袍、中衣，仅着白色内衣，袒胸露腹，盘腿坐于禅椅上，右手执扇，仿佛在替吹奏的乐伎们打拍子。

场景五：送别。韩熙载侧面站立，重新套上类似家居休闲服的中衣，右手尚持着鼓槌，左手上举，似乎在与某位友人挥手告别。

顾闳中的这份「间谍报告」，为我们详细地留下了一份关于五代贵族男性的家居常服式样、颜色搭配与穿着顺序的真实记录。这套常服的穿着顺序由内而外为：白色内单、浅黄色中单、深灰色袍服，配黑色峨冠，以及江南流行的昂贵的蒲履。

僧衣鹤影 宋元时尚

伍

公元九六〇年至一三六八年

两宋：公元九六〇年至一二七九年

元朝：公元一二七一年至一三六八年

服饰特征

形

官方正装：

朝服：貂蝉冠、交领赤衣裳、曲领方心、系大带。

常服：幞头、圆领襕袍、系革带。

流行服饰：圆领袍、直裰、鹤氅、褙子、旋袄、半臂、百褶裙、宽腿裤。

色

官方用色：黄、紫、绯、绿。

流行色：淡雅的色彩。

织

流行衣料：宋锦、纱罗、缂丝、绮、印花彩绘、绣。

饰

时尚配饰：幞头、巾子、梳子、包髻、山口冠、花冠等。

时代关键词

宋朝是一个收敛的朝代，从疆域到服饰，无不如此。但宋朝又是社会经济繁荣活跃，文

化艺术高度发展的时代。如果说唐朝是女子的时代，那么宋朝就是风雅男子——文人的时代。这个中国历史上少有的由文人雅士引领的时代，创造出儒士们喜欢的一道不一样的水墨风景：精神生活雅俗兼具，物质追求品位精致，造就了宋瓷宋衣美轮美奂、宋朝审美臻于顶峰的境界。

元朝是以武力碾压一切的时代。蒙古人虽高压治国，汉服仍得以在朝野保留。

服装大事件

公元九六一年，宋太常博士聂崇义上《三礼图》（三礼是儒家经典《周礼》《仪礼》《礼记》的合称。汉代郑玄、晋代阮谌、唐代张镒等人曾撰《三礼图》，聂崇义于后周时奉诏参照前代六种旧图编撰《三礼图》二十卷存世，但宋人沈括、欧阳修认为此书多与『三礼』不合），奏请重订服制，对民间重申禁例，强调『衣服递有等级，不敢略相陵躐』。然作用有限，『衣服之章，上下混淆』，至南宋已蔚为风气，难以遏制。这时候老百姓手头有钱了，都敢乱穿衣了，绫罗绸缎不复为贵族所专有，只有上流社会仍然维持着衣冠章法。

大宋衣装：低调的奢华

有宋一代，画尚水墨，衣尚素雅。经过五代十国将近百年的世风转换，宋朝人放弃了唐朝的热情奔放与兼容并包，重新回到中原寻找自己的精神家园。他们在哲学上创造了理学，文学上发明了宋词，艺术上开辟了水墨世界，技艺上制成了石破天惊的汝瓷，印出了精美考究的书籍，造出了当时世界上最先进的远洋船只……这样的宋朝人，身上的衣装却色彩含蓄，甚至可以说近乎单调，但是从近年出土的南宋衣物不难看出，这种单调和含蓄包含了太多细节：轻若烟雾的丝绸，复杂精细的织造技术，必须透过光线才能显现的华丽花纹……正是这种低调的奢华把宋朝人送上了审美的顶峰，让他们有底气打趣唐朝人『没见识』。

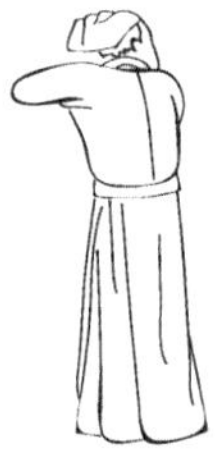

● 时风转变，人可貌相

宋朝是中国古代美学的制高点，是中国美学的标准范式。经历了唐朝的盛衰，宋朝人对美的追求从艳丽、豪放转向含蓄、风雅，从追求异族服饰的标新立异，回归到考究汉服的精致本位，从而展现了更高层次的审美取向。

女性再次崇尚纤瘦之美，服装尚瘦长，色彩崇素雅。

宋朝装扮，人可貌相——贵族多袍服，贫民皆短衣，农民渔夫被称为『短衣汉子』。

• 旋袄：最流行的宋代传统服装

宋朝最时尚的女装当属旋袄，从唐代的上襦发展而来，流行于中等人家与平民阶层，时间长度横跨两宋，衣长也随着时代的延伸而日益加长。南宋旋袄的长度比北宋长，到了元代，南方女子仍穿旋袄，但长度比前朝更加长了。《东京梦华录》中描写卖酒女子的服饰，『更有街坊妇人，腰系青花布手巾，绾危髻』，与河南偃师酒流沟宋墓出土的砖雕人物形象不谋而合，二者相互印证，堪称文献与实物结合的完美典范。

／宋代厨娘／

——依据河南省偃师市酒流沟宋墓出土砖雕绘制

这个俏厨娘身穿交领衣，下着长裙，腰系青花布手巾，挂着禁步（一种用以约束步态的佩饰），一双尖翘的鞋头从裙底露出，梳个高冠髻，双臂戴臂钏，端的是打扮齐整的手艺人。据宋人洪巽《旸谷漫录》记载，南宋京都中下等人家，每生女，则爱若掌上明珠，待初长成，便视其姿色，教以技艺，名目竟多达十余种，如身边人、本事人、供过人、针线人、堂前人、杂剧人、拆洗人、琴童、棋童、厨娘等。其中厨娘姿色排末位，但只有极富贵的人家才用得起。可见宋代的厨娘都是做大菜的好手，身价昂贵。譬如图中的这位俏厨娘就是在『斫鲙』，即片生鱼片，桌前还生着一炉旺火，火上架着一锅翻滚的开水，她是要做鱼羹吗？

/穿旋袄的宋代厨娘/

——依据河南省偃师市酒流沟宋墓出土砖雕绘制

这个厨娘身穿小袖对襟旋袄，下着长裙或裤子，系围腰（又称『腰上黄』，系于单衣、裙或裤之上的短裙，一般为地位较低的人群使用，因多用黄色而得名），挂禁步，梳高冠髻，正在温酒，与《东京梦华录》中描写的卖酒女子大略相似。

旋袄的特点

一、直领，镶『领抹』（花边），多以捻金线彩绣四季翻新花样，谓之『一年景』，绣作者为各寺庙的师姑。

二、对襟，无纽无带，常敞，露出抹胸及围腰，衣长较褙子短。

三、小袖，袖口及腕。

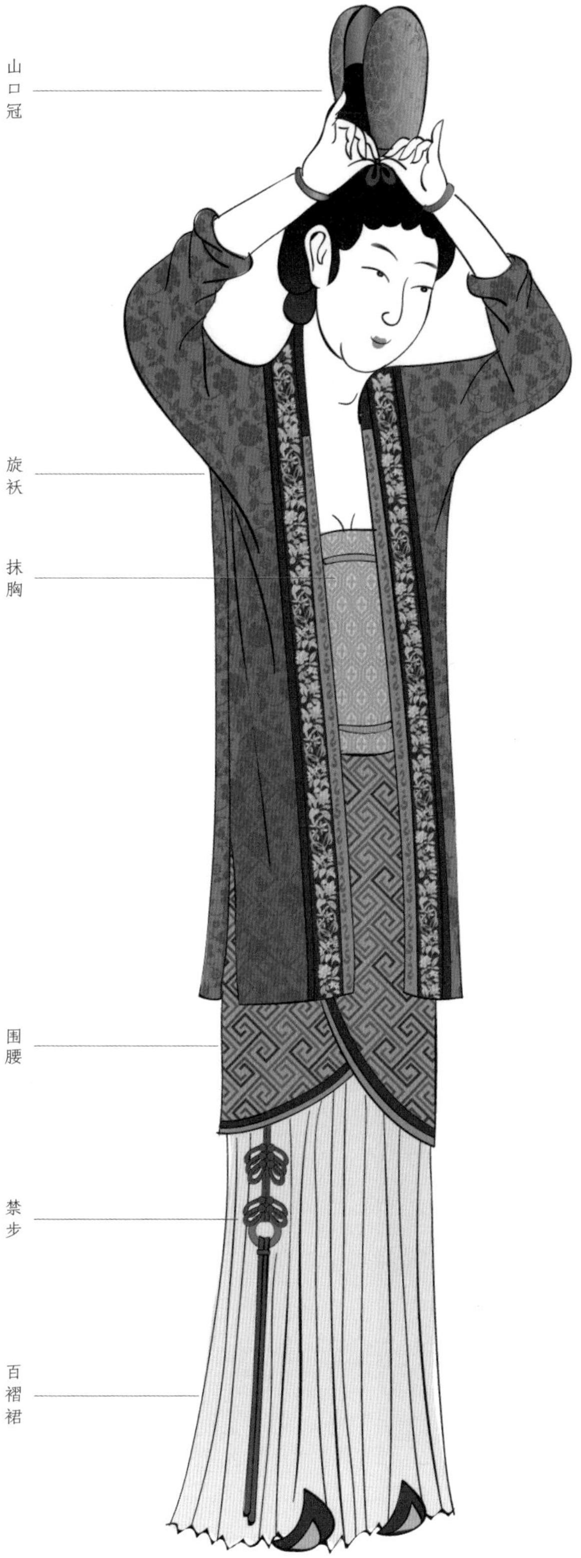

/宋朝都市女子的标准装扮/

——依据河南省偃师市酒流沟宋墓出土砖雕绘制

这个利索的女子身穿窄袖旋袄，内束抹胸，下着百褶裙，系围腰，挂禁步，侧身而立，正在认真地结发戴冠。北宋流行妇女戴冠，图中的这种高冠称为团冠，又名山口冠，以竹丝编制，涂成绿色，在民间十分常见。因此，这个女子的着装可视为当时都市妇女的流行装扮。

• 领抹：精致的女装配饰

领抹是一条带印、绣、绘的装饰花边，镶在旋袄、大袖袍、窄袖袍、褙子及单衣等女装的领缘部位，可以拆换。宋代是儒学礼仪不断强化的时代，故在服饰方面扬弃了唐朝的自由开放与大胆艳丽，转而追求内敛儒雅、精致简约的时尚风格。同时，都市经济的繁荣又促进了服饰的多样化和商品化，如领抹在当时就已经实现了商品化。据《东京梦华录》记载，当时在东京的地标性建筑大相国寺内的廊檐下，两旁排满了售卖领抹、绣作、花朵、珠翠头面等服饰的摊档，每日里生意兴隆，好不热闹。

由于具有灵活性和便利性，领抹可以直接买来缝在衣服上并时常更换，同时还给领口部位加上了护领，能够延长衣领的寿命，所以一经出现，便受到广大妇女的热烈追捧。如一九七五年福州市出土的南宋黄昇墓，女主人的随葬品中就有二十余条花边领抹，花样灵动繁复，煞是好看。福州虽远离京城，但时髦的领抹之风却掠过了北宋，吹到了南宋的东南沿海，强劲又绵长，可见其在当时是多么受欢迎。

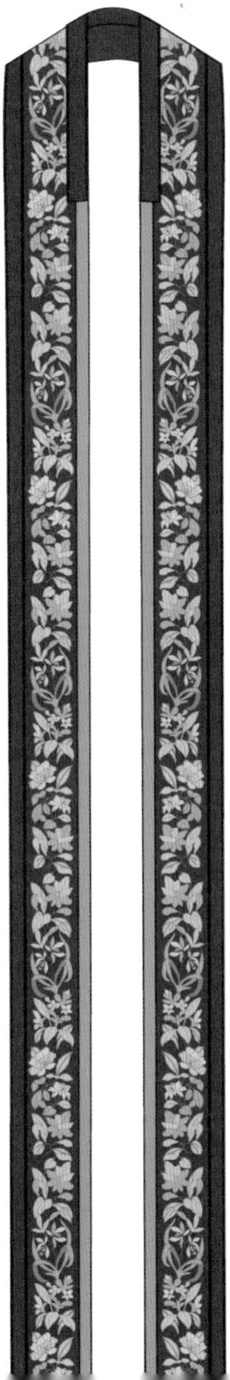

领抹

/牡丹花褐色罗印金彩绘领抹单衣/

——依据福建省福州市南宋黄昇墓出土单衣绘制

这件时尚的单衣属于一个年轻的南宋女子黄昇，她只有十七岁。一九七五年十月，福州七中在扩建操场时出土了她的墓葬。揭开棺木时，考古工作者发现了满满一棺材的丝织衣物，仿佛是打开了一个南宋贵族女子的华丽衣橱。这件单衣由纱罗制成，轻薄透光，牡丹花纹若隐若现，配上印金彩绘的领抹，想必穿在花季的墓主人身上，一定衬得起她的如花容颜。

/牡丹海棠纹/

/霞帔与帔坠/

——依据福建省福州市南宋黄昇墓出土实物绘制

黄昇墓出土了两件霞帔，均为素罗单面绣花，绣工纤巧，纹样灵动，十分精致。

● 霞帔与帔坠：宋代贵族女子的身份象征

霞帔不同于唐代的帔帛，是北宋出现的一种贵族女子礼服上的隆重的装饰品，只有有身份的女子如朝廷命妇才能穿戴。前文提到的福州南宋女子黄昇，就是一个朝廷命妇。她的父亲是状元，还是知泉州兼提举市舶司，即是当时泉州的地方长官并兼掌对外贸易通商大权。她的丈夫赵与骏是宋太祖赵匡胤的第十一世孙，因此黄昇是不折不扣的官二代和皇亲贵戚。然红颜薄命，结婚才一年，她就去世了，年仅十七岁。她的父亲和夫君一定特别心疼她，为了寄托难以忘却的思念，他们为她陪葬了总共四百三十六件器物，其中一半以上是各种丝织品及四季衣裳服饰。当揭开重重簇拥的丝织品及衣饰时，覆在黄昇身上最上层的服饰就是霞帔。它平展地垂于大袖袍前后，长度及于裙部底端，并于此处坠有一个圆形的金帔坠。黄昇墓的出土，令霞帔和帔坠一下子生动起来，它们曾经真实地挂在一个十七岁的朝廷命妇逐渐冷却的身上，让她的父亲与夫君获得少许安慰。

霞帔与帔坠在元朝与明朝一直沿用，形制变化不大，唯纹样各有特色。清朝虽有霞帔之名，只是形制已经变成一件缀有方形补子、底端络满穗子的绣花坎肩了，如此帔坠便失去了存在的意义。

／穿戴霞帔与帔坠的宋宣祖后／

——依据台北故宫博物院馆藏绢画《宋宣祖后坐像轴》绘制

宋宣祖后杜氏是宋太祖赵匡胤的母亲，他称帝后，尊杜氏为皇太后。在此图中，杜氏头戴龙凤珠翠冠，披霞帔，坠帔坠，身着对襟广袖大衣，长长的衣裾在身后拖垂。这种衣襟前短后长的错裾式大衣，体现了五代时期的服饰特色。

/穿钓墩的宋朝文艺界人士/

——依据北京故宫博物院藏宋代绢画《杂剧人物图》绘制

宋杂剧是宋代各种滑稽表演和歌舞杂戏（耍）的总称，与同时期金代的戏曲演出院本大体上是一回事。顾名思义，杂剧人物就是宋代的艺人，名副其实的文艺界人士。

● 钓墩：最另类的服饰

钓墩是一种形如裹腿的女子袜裤，两腿分离，穿于外裤之上，如同打绑腿，是受契丹、女真风俗影响的一种服饰，当时在社会上广泛流行，虽有明确法令禁止上层妇女穿着，实际上却无法禁绝。

此图绘制了两个正在表演杂剧的女子，正以宋代特有的『扠手示敬』礼互相问候。

右方女子头戴花冠，外穿旋袄，内束抹胸，下穿长裤，腰系腰袱，足蹬小小弯钩鞋，背插一扇，上书『末色』二字。此扇是宋杂剧中的角色副末色专用的道具。宋杂剧表演通常有五个角色：末泥、引戏、副净、副末、装孤。副净与副末经常捉对演出，负责装疯卖傻，插科打诨，引人发笑。

左方女子头戴诨裹巾，内穿对襟旋袄，外披交领衫，腰系腰袱，下穿长裤，膝下裹钓墩（网状长袜）；脚穿小小弯钩短统靴，当为宋杂剧中的副净色。

不得不提的是，此图中的两个女子脚都非常小，这反映了宋朝的一个『恶趣味』——时兴女子缠足，不仅皇宫带头，文人学者也表示欣赏。据《宋史·五行志》记载：『理宗朝，宫人束脚纤直。』束脚就是缠足。苏东坡亦曾写词《菩萨蛮·咏足》，赞美女子小脚之步态如莲上『承步』，『罗袜凌波』。大儒朱熹更是曾在漳州立法，强制推行缠足，令当地妇女的脚小到『不良于行』，必须扶杖而行。这些酸腐文人儒士恶俗审美观，使得缠足之风流行不衰，社会风气甚至认为女子之三寸金莲比长相和身材都重要，所谓一美遮百丑，只要脚够小，就不怕嫁不出去。

• 宋代的裤子

汉族人的裤子自古以来便是开裆裤，男女基本同款，只是男装的尺寸一般要比女装大。自赵武灵王『胡服骑射』以来，胡人的合裆裤便因其方便利落而被汉人采纳。但有趣的是，开裆裤一直在汉服之中存在并占有相当的比例，到了宋朝，甚至与合裆裤分庭抗礼，不遑多让。据西汉史游《急就篇》记载，唐颜师古注『合裆谓之裈，最亲身者也』，就是说，合裆裤是贴身穿的内裤。而宋朝似乎也把合裆裤当作内裤，公认的宋人着裤次序是贴身穿合裆裤，而后外套开裆裤，谓之套裤。坊间这种说法似乎有理有据，但总有些不合情理之处。试想，一个宋朝女子平日里穿着复杂拖沓的汉装，下装既要着套裤，又须覆裙，衣裳重重叠叠，一时内急起来，若是套裤，拆解十分不便，而开裆裤则无须拆解，非常便利，因此它从未被合裆裤完全取代过，平时要单穿也并非不可能。汉服本来标榜自身是礼仪之服，然最大的礼仪应该基于人性，如若一种服装长期有违人性，想必不可能保持长久。如此看来，开裆裤竟是汉装中一种体贴的设计，解决了生活中的实际问题，因而深受汉人的喜爱。起码宋朝人不论男女都爱穿开裆裤。

／华丽的丝绸开裆裤／

——依据浙江省台州市南宋赵伯澐墓出土实物绘制

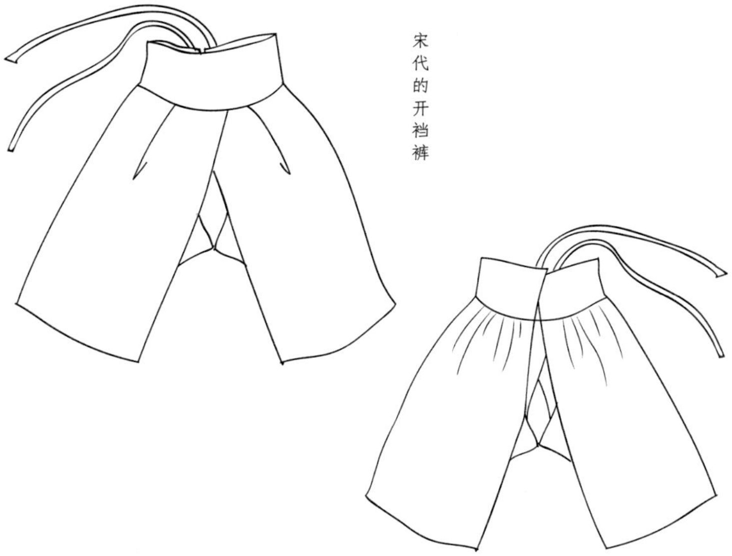

宋代的开裆裤

二〇一六年五月，浙江省台州市黄岩区出土了一座完整的南宋墓葬，墓主人是宋太祖赵匡胤的第七世孙赵伯澐，从中出土了丝绸织物共七十六件，其中仅裤子就有十九条，而开裆裤竟然占了十二条。这些裤子全部以珍贵的绫、绮、绢等丝绸制成，上面还织有复杂的花纹如缠枝葡萄纹、菱格朵花纹、书卷团龙纹等。一条隐蔽的内裤尚且如此讲究，可以想见宋朝的贵族在实际生活中当为名副其实的『纨绔子弟』。

值得一提的是赵伯澐的随葬品除了丝织品并无其他贵重物品，这与宋朝政府提倡薄葬有直接关系。过去历史界一直认为，这是由于宋朝政府因战争赔款负担过重而造成财政困难，才不得不如此，其实未必。宋朝皇帝重文重商轻武，虽然在军事上未能开疆拓土，在经济和文化上却创造出了当时世界上最辉煌的成就——拥有世界上最多的城市人口，最领先的人均国民收入（一一二一年人均收入七点五两白银），最发达的对外贸易，最开明的思想统治……因此，薄葬很可能是统治者自觉的选择，是一种对过去陋习的反思，是一种观念上的进步。许多海外汉学家认为宋朝是『现代的拂晓时辰』，并非妄言。

黄昇的黄褐色花罗合裆裤

——依据福建省福州市南宋黄昇墓出土实物绘制

福州黄昇墓一共出土了二十四条裤子，其中合裆裤八条、开裆裤十五条、无腰无裆式裤一条，全部由绢、罗、花绫、花绮制作，与千里之外的台州赵伯澐墓异曲同工，从不同性别角度，构成了南宋贵族服装的完整的实物衣橱，直观地展示出大宋衣装低调的奢华这一普及全国范围的标准。

黄昇的这条黄褐色花罗合裆裤形制特别：腰部于右侧开衩系带，裤腿在两边的外侧开衩到裤脚，并不缝合，还在开衩处前后两片边缘各向内折叠两层。这种设计相当特殊，过去不曾见。据考证，这种合裆裤又称裆裤，一般为女用，多以轻透如烟的素色或提花罗料制作，可做外裤穿着，但南宋女子一般会在外面加上一条窄小的掩裙，穿的时候从身后向前围拢，系结后形成人字形交叉式样。河南偃师酒流沟宋墓出土的砖雕就有穿着这种人字形掩裙的女子形象。而黄昇墓一共出土了五条两外侧裤腿开中缝的裆裤、两条罗制褶裥裙，其中的褐色罗印花褶裥裙，透明轻薄，下宽上窄，犹如一把打开的折扇，裙长七十八厘米，腰围仅六十九厘米，符合掩裙的特征。

若将历史回放到近八百年前福州的某个夏日，黄昇束着抹胸，穿着轻透的花罗裆裤，外系褐色罗印花褶裥裙，上装是长长的紫灰色绉纱褙子，撒开的裤腿在行走间半遮半掩，不经意地露出她那双裹过的弯弓小脚……活脱脱一个南宋的贵族美女在丝罗的爱抚中向我们飘来，丝罗衬得她如烟雾般轻袅，夏天似乎也显得不那么热了。

/浅黄色素绢合裆单裤/

——依据福建省福州市茶园村宋墓出土实物绘制

裈袴，宋代合裆裤，男女通用，一般做内裤。

此裤两边外侧各有一个前后各七厘米宽、自上而下的活褶，便于腿部活动。裤腰绑带处有开口，方便穿脱。裤裆处前后各有一块三角形裆布连接两条裤管。前后裤腰中缝左右各有一个活褶，拼接时斜向交叠，从而起到收腰的作用，另裤管呈八字形，穿着时更加舒适。

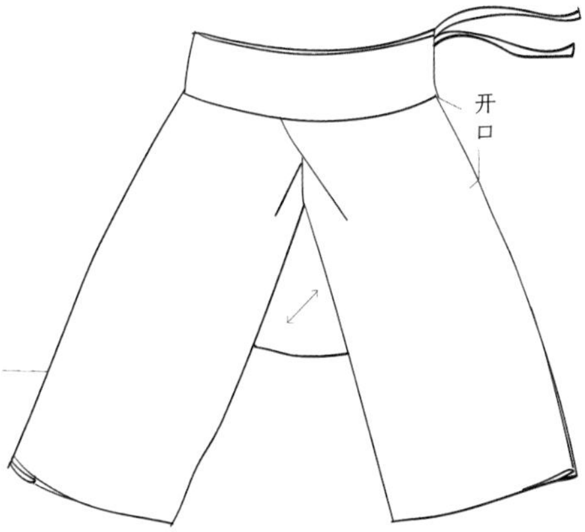

/吊带式抹胸/

——依据福建省福州市南宋黄昇墓出土实物绘制

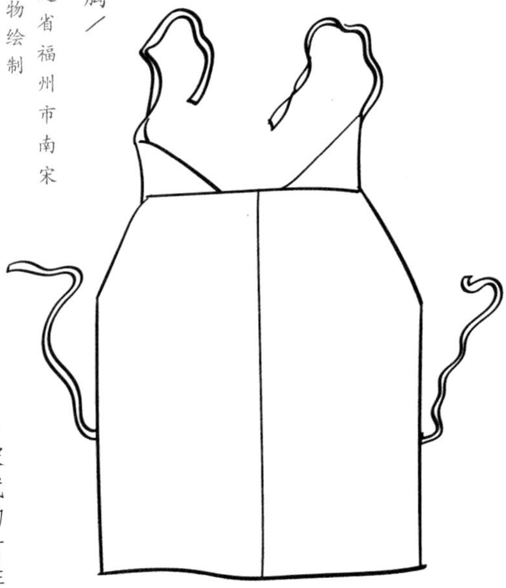

• 宋代的女性内衣：抹胸和裹肚

宋代的女性内衣有两种：抹胸与裹肚。其中抹胸又分为吊带背心式抹胸和长方形缠裹式抹胸两种。吊带背心式抹胸主要用于秋冬季，表里均以素绢制成，内絮丝棉，轻软保暖；长方形抹胸则用于夏季，胸前有一个小活褶或小省道，以适应女性体型的特点，材质为纱、罗、绢等，多印制花纹作为装饰，精致美观。

抹胸本应是不示外人的内衣，但唐宋时期抹胸可直接与外衣搭配，具有内衣外显的特点，成为一种穿衣时尚。

裹肚，是与抹胸搭配的内衣，形制与长方形抹胸一样，但尺寸缩小近一半，无褶，贴身围裹于腹部之上。裹肚两侧的系带可宽可窄，宽带子更利于腰部的围系，面料有纱、罗、绫、绢等，不加纹饰，有单有夹。

内衣的穿着顺序为先围抹胸（内），再围裹肚（外）。裹肚的上口将抹胸下方束紧以保护腹部。

/印银花缠裹式抹胸/

——依据福建省福州市茶园村宋墓出土实物绘制

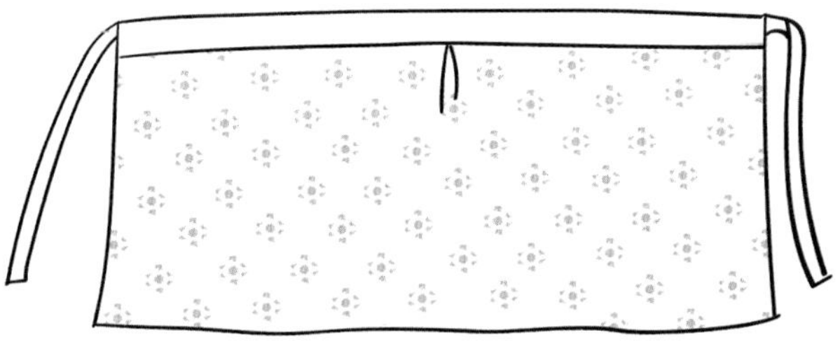

/素纱裹肚/

——依据江苏省南京市高淳花山宋墓出土实物绘制

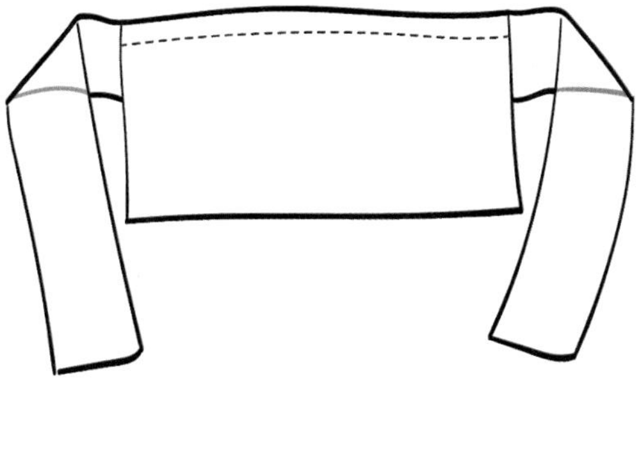

● 褙子：最百搭的宋朝流行服装

褙子早在隋唐时期就已出现，但广泛流行起来则是在宋朝。宋代的褙子，特点是长袖、长衣身，腋下开衩，前后襟不缝合，在腋下和背后缀有带子。宋朝人习惯不用腋下的双带系结前后两片衣襟，而是任其垂挂以为装饰，展现了宋人特殊的审美情趣——洒脱兼随意。褙子常与长裙、长裤搭配，形成外短内长的着装风格。与褙子搭配的女子服装穿着顺序为：上身为内抹胸、外单衣或旋袄；下身是内裹肚、中（开、合裆）裤子、外百褶裙或旋裙；最后将褙子穿在最外层。

宋代的褙子较窄长，无论男女贵贱皆爱穿着，不过男装褙子多内穿，女装褙子皆外穿。褙子堪称宋代衣着的『百搭王』。

/黄昇的紫灰色绉纱镶领抹对襟褙子/

——依据福建省福州市南宋黄昇墓出土实物绘制

此件褙子下摆左右开裾至腋下，襟缘、下摆缘、袖口缘均镶滚四厘米宽的彩绘菊花和几何纹花边，以及一点三厘米宽的金粉印芙蓉花、菊花纹小花边。这是宋代流行的女装褙子式样。

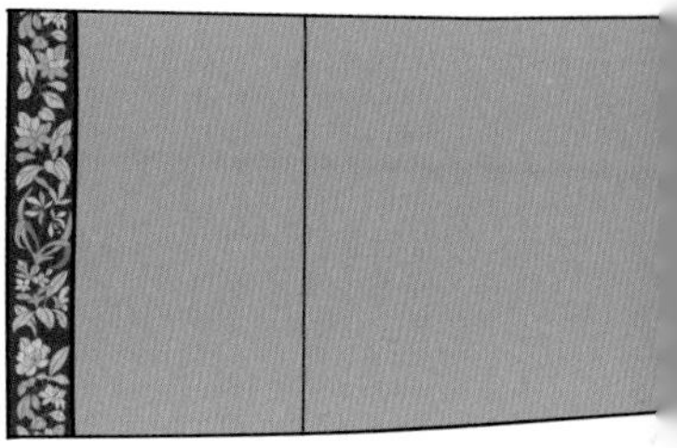

／宋代女子的冬装『标配』／

——依据山西省太原市晋祠宋代彩塑侍女像绘制

此女子身高一百五十四厘米，梳双高髻，手持绢巾，身穿红镶绿边的窄袖褙子，内穿圆领衫、旋袄，下穿黄色合裆裤，腰束蓝色掩裙，裙在身前形成人字形分叉，露出裙下黄色的合裆裤腿。这分明是宋代女子典型的冬季标准装束。

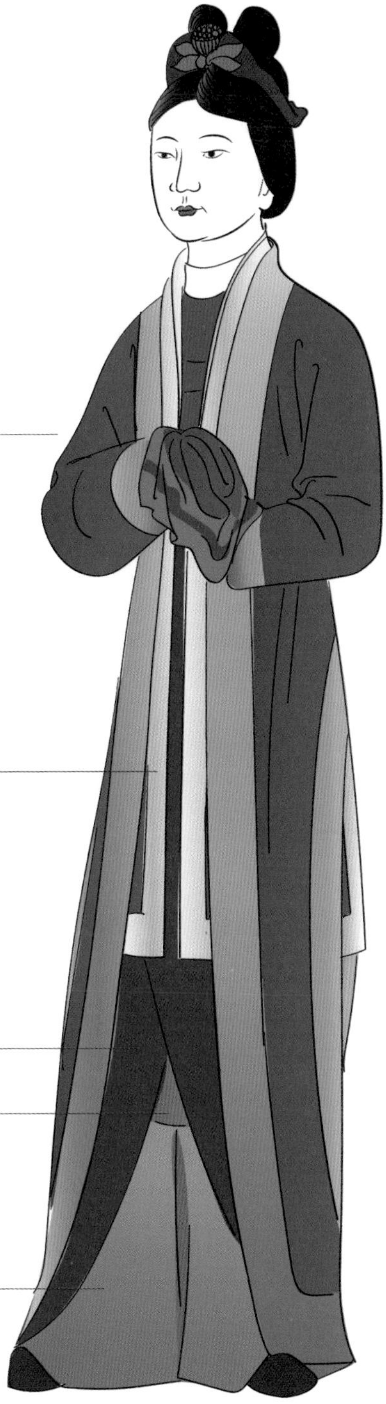
褙子
旋袄
掩裙
围裙
合裆裤

/《歌乐图》中的褙子/

——南宋绢画，现藏于上海博物馆

此图描绘了北曲杂剧的表演场景。图中女子皆着红色缀金花窄袖长褙子，内束抹胸和百褶裙，梳高髻，髻上簪有三朵角状头饰，并插有珠饰，倒是有点像宋人小说《绿窗新语》中描写的『白角为冠，金珠为饰』。不过文献中提到的白角冠皆形制巨大，与此图中的发饰又不相干了。

另外两个女孩作官员打扮，头戴簪花直脚幞（音同福）头，一穿圆领袍，一穿交领袍。

•端庄典雅的宋代大袖衣

宋代的大袖衣又称大衫，一般为贵妇的礼服。大衫多以纱罗制成，背面下端有一个三角形的兜，是为贵妇们披戴霞帔时用来收藏霞帔尾部而设计的。大袖衣后领口左右各有两个麻花状的纽襻，用于固定霞帔。此衣形制一直沿用至明代。

/大袖襦裙/

——依据北京故宫博物院藏南宋绢画《女孝经图》局部绘制

图中的大袖襦裙为皇家使用的礼服襦裙，内搭交领中单，前有蔽膝。

/黄昇的纱罗镶领抹大袖衣/

——依据福建省福州市南宋黄昇墓出土实物绘制

●配色淡雅的宋代襦裙

宋初，襦裙的款式接近五代的样式，腰部下降至正腰部位，上襦为交领或直领单衣，内搭抹胸，色调素雅。

自五代以来，裙子流行密褶，以『百叠千褶』为时尚。到了两宋，褶裙流行更加广泛，北宋时期的褶裙褶痕细密，长而体量大，按幅面不同分为六幅、八幅和十二幅不等，幅面多褶裥。如福州黄昇墓曾出土一件褶裙，六幅中除两侧两幅不打褶外，其余四幅每幅打十五褶，总共打了六十褶。从出土实物看，南宋褶裙的褶痕相对较浅。如南宋的常服裙子一般为四幅拼接，轻便利落，便于日常生活，而六幅裙则更加适合于舞蹈。南宋的裙子不但裙幅变窄，而且长度变短，较北宋轻盈，因为宋代女子以缠足为美，裙长一般不及地，便于露足，更利于行走。从黄昇墓出土的裙子数据看，裙通长在七十六至八十七厘米，大致位于小腿至脚踝之间。由于年代久远，布料也会有皱缩现象，故当时也许会更长一些。

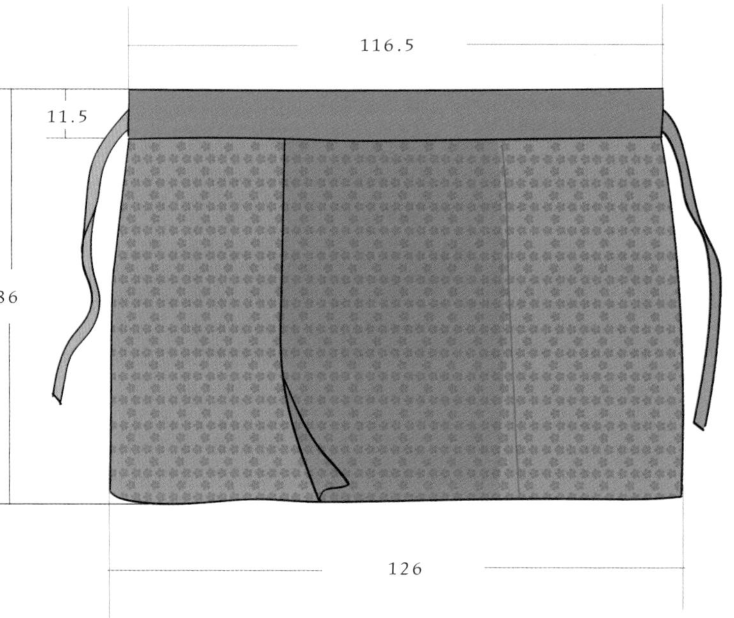

/褐色绢印靛蓝小花旋裙/

——依据福建省福州市南宋黄昇墓出土实物绘制

此裙通长八十六厘米，腰高十一点五厘米，腰宽一百一十六点五厘米，下摆宽一百二十六厘米。

／褐色罗印花褶裥裙（掩裙）／

——依据福建省福州市南宋黄昇墓出土实物绘制

此裙又名掩裙，通长七十八厘米，腰高十点七厘米，腰宽六十九厘米，下摆宽一百五十八厘米。

宋代掩裙的穿法是从后向前围，由于裙子的腰围尺寸比较小，没有多少交叠的空间，围系好的裙子自然向两旁分开呈人字形状，露出里面的裆裤，达到半遮半掩的效果。宋代还有一种前后开口交叠的裙式，称为旋裙，裙幅由四片组成，由于前后有开合，非常方便行走，自兴起后受到女性持久的青睐，后来演变成明清时期的马面裙。裙子的色彩以郁金香根染成的黄色为贵，红色则为歌舞伎乐伎所穿，尤以石榴裙最为鲜丽，青、绿色裙多为老年妇女或农村妇女所穿。

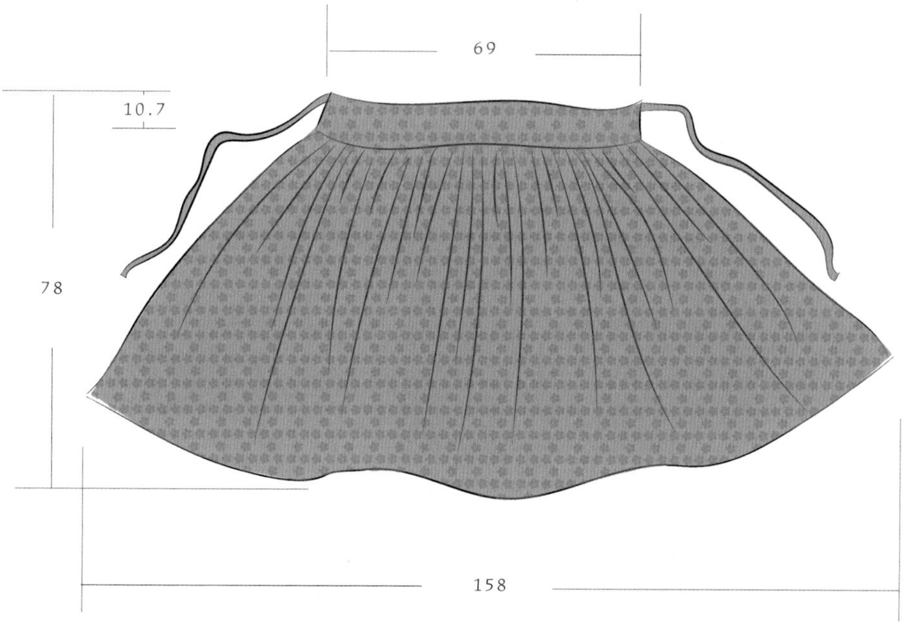

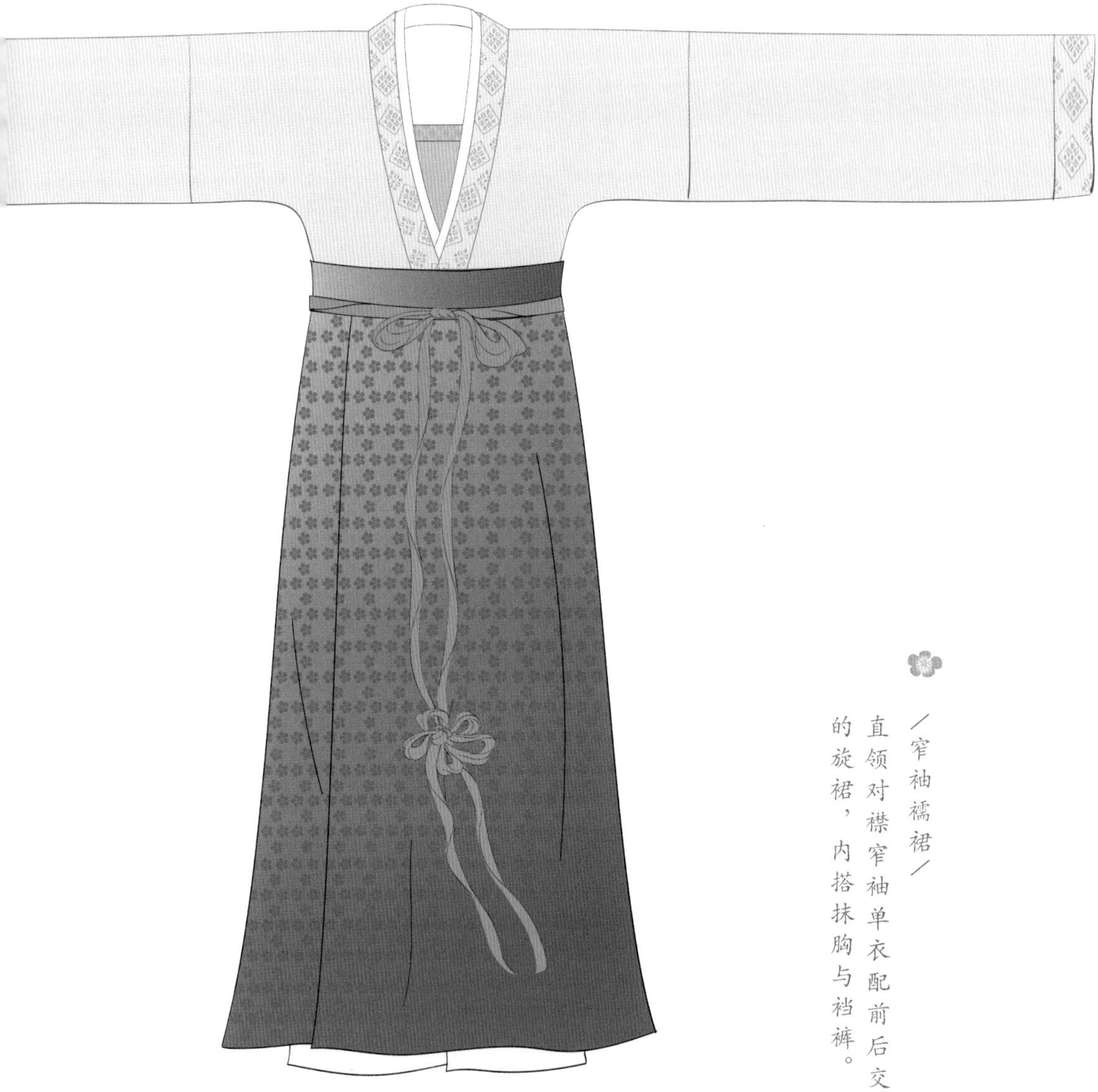

/窄袖襦裙/

直领对襟窄袖单衣配前后交叠的旋裙，内搭抹胸与裆裤。

/穿窄袖襦裙的宫女们/

——南宋绢画《女孝经图》局部，现藏于北京故宫博物院

读诗的女子最美丽

——托名宋代盛师颜绢画《闺秀诗评图》，现藏于美国弗利尔美术馆

宋代是一个被文化人士和文艺青年钟情的艺术滥觞的时代，从皇帝到民间，人人爱艺术、爱读书、爱写诗作词。当然，这也是一个政治昏庸的朝代。说到读书写词，巾帼亦不让须眉，宋代诗词界便出现了四位著名的女词人：李清照、朱淑真、吴淑姬、张玉娘。

好读书、过目成诵、重情重义且一往情深的张玉娘，写起诗来气度不凡：『山之高，月出小。月之小，何皎皎。我有所思在远道。一日不见兮，我心悄悄。采苦采苦，于山之南。忡忡忧心，其何以堪。汝心金石坚，我操冰雪洁。拟结百岁盟，忽成一朝别。

朝云暮雨心来去，千里相思共明月。』字词之间，一个情比金坚的贞洁女子形象呼之欲出。

朱淑真的幽怨：『玉减翠裙交，病怯罗衣薄。不忍卷帘看，寂寞梨花落』和『春已半，触目此情无限。十二阑干闲倚遍，愁来天不管。好是风和日暖，输与莺莺燕燕。满院落花帘不卷，断肠芳草远』，虽相隔千年，至今仍让无数现代社会的情场失意者心有戚戚焉。

黠慧的吴淑姬，为了自证清白，以梅花自喻：『烟霏霏，雪霏霏。雪向梅花枝上堆，春从何处回？醉眼开，睡眼开，疏影横斜安在哉？从教塞管催。』她的才情与聪慧终究在机遇来临时解救了自己。

大名鼎鼎的李清照，其洒脱与豪迈，更是令人耳目一新：『生当作人杰，死亦为鬼雄。至今思项羽，不肯过江东。』何其大气磅礴，令无数须眉汗颜。

比起这些才情盖世的女词人，这幅托名为宋代盛师颜所作的《闺秀诗评图》中的女子，也许并不出众，但见她身着褙子，内搭圆领中单，束长裙，腰挂禁步，左手持书，右手抚炉，正神情专注地读着一本《闺秀诗评》。她是在欣赏品鉴那些著名女词人的作品吗？我们不禁联想，福州那个十七岁就香消玉殒的诰命夫人黄昇，生前的日常是否也是这样一幅图画？

女子手中的《闺秀诗评》，实际上是明清时期的出版物，因而此画不可能是盛师颜的作品，不过是明清之际江南画坊的仿作罢了。然图中女子的装扮（褙子的领抹只及腰部，更接近明代）确是宋朝式样。

/穿常服的宋太宗/

——宋代绢画，现藏于台北故宫博物院

此图中的宋太宗赵光义头戴直脚幞头，身穿圆领大袖袍，腰系红鞓带，足踏乌皮靴，与高级『公务员』的常服款式并无二致。

●华丽的丝绸仪仗队

在中国传统史书的记载中，宋朝始终是个积贫积弱的朝代。然而就是这个史官们眼中贫弱的朝代，却拥有最繁华的城市经济和最能代表财富的大量丝绸。它仿佛是个丝绸王朝，动辄以丝绸和白银羁縻边疆，安抚辽金。仅在开国之初，宋太祖赵匡胤就用战利品——几百万匹各类丝绸，把自己两万多人的仪仗队装裹起来，还命人绘制了图卷，号称『绣衣卤簿』。当他看着这支浩浩荡荡、身着华丽军服的队伍从面前经过时，内心一定豪情万丈：我的队伍像丝绸的河流，席卷天下！

●宋代的官服

宋朝的官服面料以罗为主，因用料颇巨，故朝廷在各级地方政府设立专门的机构——织罗务，以监督生产。

罗是一种质地轻薄、丝条纤细、经丝相互绞缠后呈椒孔的丝织物。除了罗，宋朝的高级丝织物还有绢、纱、縠、绫、绮、锦绸等。宋朝的丝织物花纹打破了唐代对称的构图，代之以鲜活灵动的生色折枝花，在审美上大大提高了档次。

宋代官服服色基本沿袭了唐代制度，大体分为常服和朝服两大类。常服为圆领袍服，好比今日之工作服，如西装。朝服为上衣下裳制，好比现在的中式大礼服。官员常服三品以上穿紫色，五品以上穿红色，七品以上穿绿色，九品以上穿青色。官服常服的标准配置是圆领大袖长袍、直脚幞头，君臣通用。普通的公差吏卒即低级『公务员』，穿圆领窄袖袍，戴曲翅幞头或裹巾子，腿部或加行縢（绑腿）或不加。

宋朝的官服还以胯带、佩鱼和执笏的材质区分官阶高下。胯带以玉为最高等级。佩鱼有金银两种，只有穿紫色和红色公服的高级『公务员』才有资格佩戴。执笏有象牙和木制两种。

宋代官员朝服的一大特色是『方心曲领』，即在穿交领大袖袍时，在颈项部位套上一个下方上圆的饰物，仿佛一个项圈。此物以白罗制作，实际作用是压制交领以使其服帖，也是天圆地方、象法天地这一古老的中华宇宙观的物化体现。

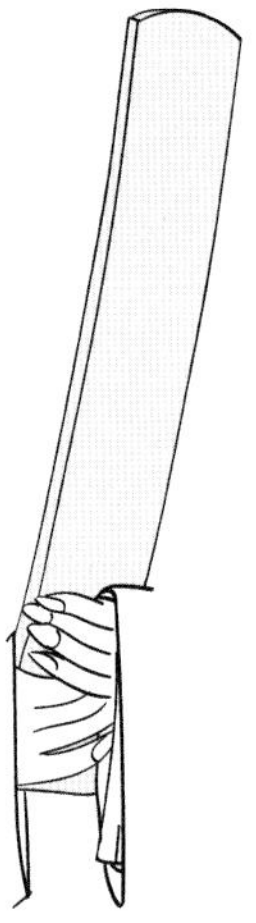

/穿朝服的宰相赵鼎/

——元代绢画，现藏于美国旧金山亚洲艺术博物馆

赵鼎，南宋四名臣之一，著名的主战派大臣，后为秦桧构陷迫害致死。在此图中，赵鼎身穿宋代朱色大袖朝服，头戴貂蝉冠，即七梁冠加貂蝉笼巾，冠左侧插貂尾，冠后插立笔，双手持笏，佩戴方心曲领、大带、玉佩、锦绶，足蹬黑履，端的是一代名相。

立笔
貂尾
小金蝉
梁冠
笼巾
方心曲领
右衽交领大袖襦
佩绶
玉佩
蔽膝
裳

●宋代的文人服饰

宋朝是文人的朝代，以他们的品位为品位，以他们的导向为导向，以他们的审美为审美。而最大的文人领袖即是宋徽宗。他是最昏庸的政治家，又是最有才华的艺术家。因为他，宋朝的审美达到了中国美学的最高峰；也因为他，文人的情趣得到前无古人、后无来者的尽情发挥，将中国式的古典精致的生活方式彰显得淋漓尽致，不可复制。在宋徽宗的画作中，我们可以领受这种迷倒无数文人骚客的闲雅情趣。

/《听琴图》与鹤氅/

——北宋绢画，现藏于北京故宫博物院

《听琴图》是宋徽宗的一幅大作，图中的弹琴者身穿「鹤氅」，一副仙风道骨的派头。

／鹤氅：最潇洒的「神仙道士衣」／

鹤氅，又名「神仙道士衣」，是类似斗篷、披风之类的御寒长外衣，可内搭襦裙。「鹤氅」二字，晋已出现，又名「裘衫」，魏晋时期流行于文人逸士群体之中，后来一直沿用到明代。最初的鹤氅就是一块用仙鹤羽毛做的披肩，无袖，乃传说中仙人道士的必备服装。后来鹤氅为士大夫所接受，演变为大袖、直领、两侧开衩的长外衣，两襟间以带子相系，风格「道貌岸然」。

《文会图》中的休闲服饰

——北宋绢画，现藏于台北故宫博物院

《文会图》是宋徽宗的又一幅杰作，描绘文人雅士会集于庭院吃茶、饮酒、赋诗的场景。画中男子均作休闲打扮，或穿圆领袍服，或穿交领半臂，戴软脚幞头，着装随意。案上杯盏罗列，花果满桌，众人正在以分食制享用美食，吃好茶，饮美酒，而后赋词。看得出，图中人物都有些醉意了，有宋徽宗这样会写、会画、会玩又没有皇帝架子的主人宴客，谁会不开心呢？只是这个艺术全能、政治无能的皇帝，当他沉浸在无数次的艺术聚会与创作的化境中时，是否想过亡国的一刻，是否预知五国城（依兰）的苦寒？

交领半臂

／赵伯澐的交领莲花纹亮地纱袍／

——依据浙江省台州市南宋赵伯澐墓出土实物绘制

这件质地精良的莲花纹纱袍属于前文提过的赵伯澐，他是宋太祖赵匡胤的七世孙，一个南宋的小官——平江府长洲（今苏州一带）县丞，相当于现在的副县长。赵伯澐死于一二一六年，死后获赠『通议大夫』封号，是个典型的文官兼文人。他的随葬品除了珍贵的丝绸衣物，还有几件随身把玩的玉佩及香具，并无其他贵重物品。

这件华丽的交领纱袍是他的休闲服，呈深褐色，领口、袖口以宽边的淡黄色素罗衬边。右衽斜襟处有一对纽子、纽襻，用以固定衣襟，是中国迄今所见最早并保存最完好的丝织纽襻实物。

此袍乃传统的汉装款式。衣长一百三十五厘米，通袖长二百七十一厘米，袖宽四十七厘米，平展开来面积颇为惊人。想来裹在身高只有一百七十厘米的赵伯澐身上，必能使他的威仪增色不少。汉服，乃礼仪之服，其直接作用首先是增强视觉效果，为穿着者的仪容加分。信然。

纱是一种绞经素织、透出方孔的丝织物，特点为质地薄空轻透，握之如烟。而更夸张的是这件纱袍竟然在薄如轻烟的素纱上织出了精美华丽的莲花纹样，在光线的照射下，满袍的莲花若隐若现，似有若无，妙不可言。试想，在八百年前的某一个夏日，南宋文官赵伯澐先生穿着这件低调而华丽的莲花纹纱袍，行走在黄岩的街市，阳光撩动莲花，微风掀起衣袂，端的是彬彬衣风，谦谦君子。

莲花纹亮地纱

/东坡巾+直裰：文人隐士的『标配』装束/

宋代因为有一个艺术家皇帝，故成为中国历史上文人雅上的黄金时代。他们吟诗作画、饮茶赏花，穿僧衣，着道袍，一边抒发自己的情怀，一边引领社会风尚，使得文人的『标配』装束成为一种文雅的时尚。

东坡巾是一种方筒状的高巾子，传说为苏东坡创制，加上直裰——一种交领大袖的宽身袍衫，二者搭配，便构成了宋代文人隐士的代表性服饰。

宋代的直裰多以素布制作，右衽，交领，直袖，衣长过膝，衣缘四周镶有黑边，两侧不开衩，系扎的腰带为络穗或丝绦，无护领。最初多为僧人道士穿着，后受到文人青睐，成为士大夫的常服。

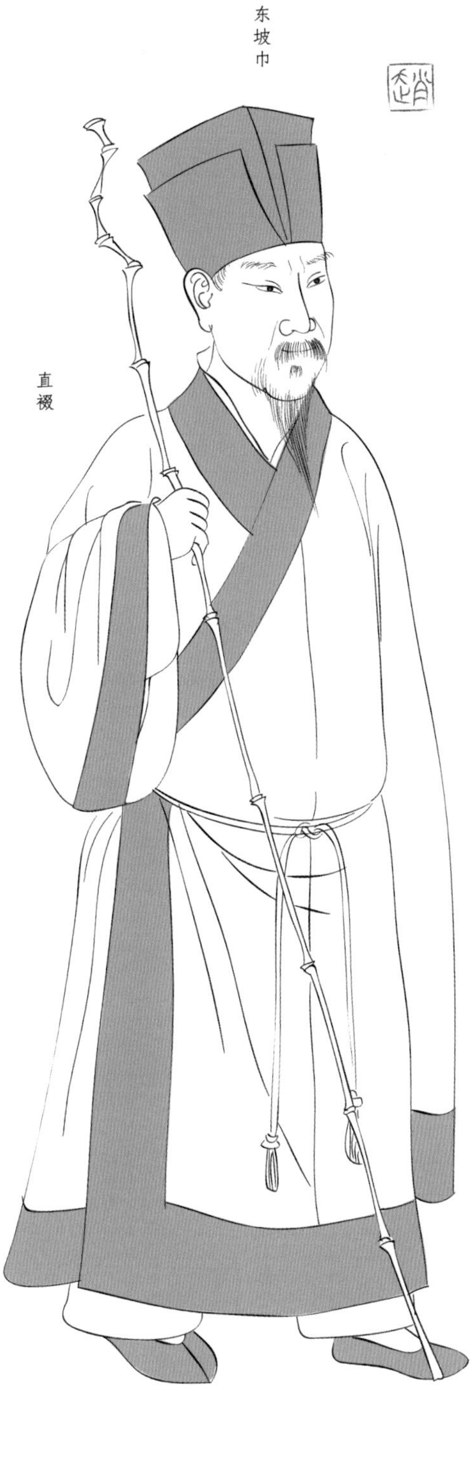

/苏轼像/

——元代纸本书法册页，现藏于台北故宫博物院

此图为宋太祖赵匡胤十一世孙赵孟頫所绘。赵孟頫是大书法家，一生崇拜苏东坡，曾以行书抄录苏轼《前后赤壁赋》，以纸本册装，并作苏轼小像于卷首。像中苏东坡的装扮正是典型的文人隐士的『标配』装束。

/宋朝文人的理想生活/

台北故宫博物院藏有一幅无名氏的宋画，画中描绘了令人羡慕的宋朝文人的闲适生活。画中场景是一间书房，一个绅士模样的男子坐在榻上读书，旁边一个仆人正在斟茶。他周边的环境，案上有书、有古琴，几上有茶、有点心、有食盒，屏风上有河、有树、有禽鸟，还有一幅自己的画像。他悠然自得自恋地处在其中，读书、吃茶、抚琴、会友……活得何其自在。这样的文人生活即使在现代，也令人向往吧。

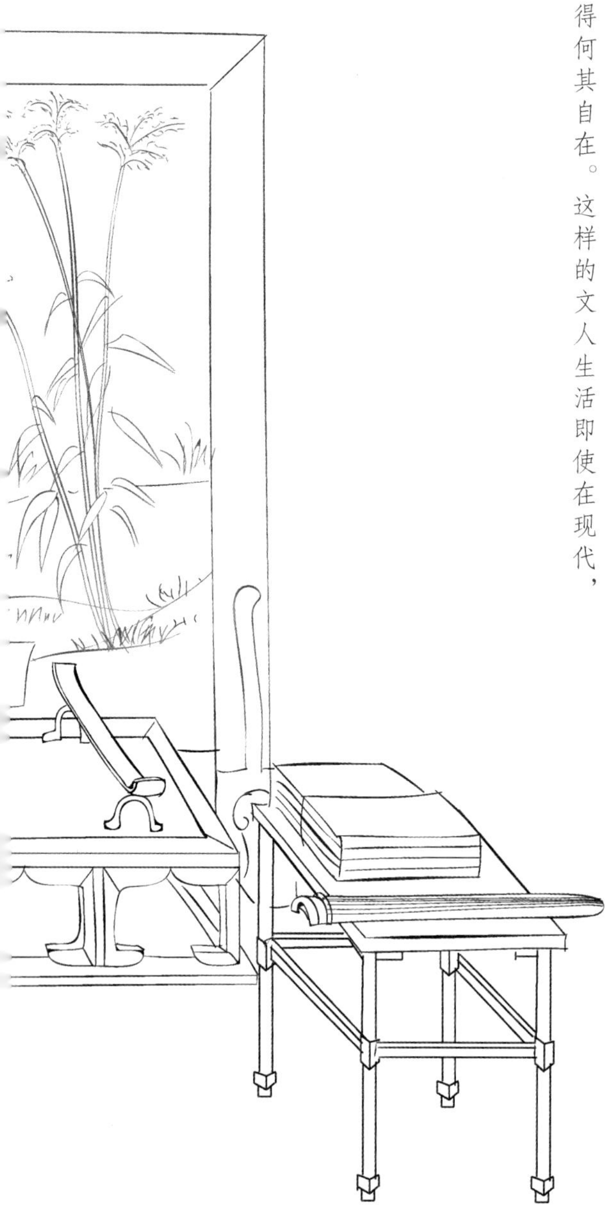

画中人的装束：以莲花状的束发冠束发，上覆文士巾，着交领衣，束下裳，腰束绅带，内穿宽腿裤。

一 交脚幞头（河北宣化辽墓壁画）

二 局脚幞头（河南禹州白沙宋墓壁画）

三 顺风幞头（陕西西安韦洞墓唐代壁画）

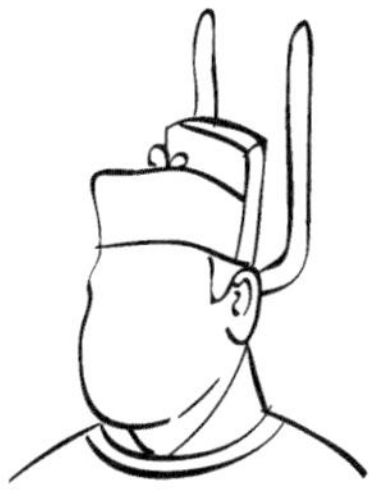

四 朝天幞头（山西高平开化寺宋代壁画）

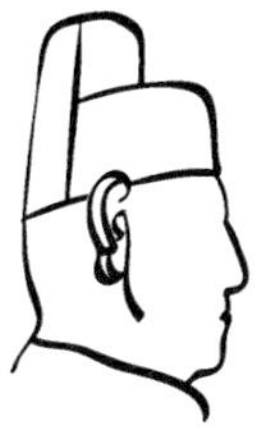

五 无脚幞头（河南巩义市宋永熙陵石雕）

六 卷脚幞头（河南焦作邹琼墓金代壁画）

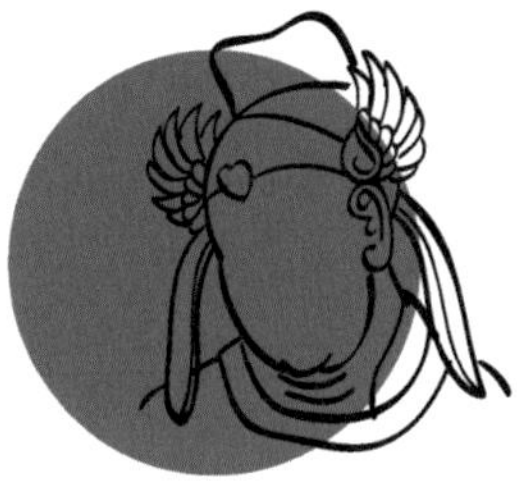

七 凤翅幞头（河南焦作老万庄元墓壁画）

● 多姿多彩的幞头：宋代男子的主要首服

与唐代相比，幞头在宋代广为流行，成为各阶层男子最普遍的首服。宋代幞头初用藤织草巾子为里，纱为表，上面涂漆，后来因为漆纱已够坚固，遂去其藤里，称为『幞头帽子』。这就实现了从软塌塌的包头巾进化为硬壳帽子的质的跃进，中国的男子自此再不必『逐日就头裹之』，亦可不必在幞头底下加衬巾了。

宋代幞头式样颇多，据《梦溪笔谈》记载：『本朝幞头有直脚、局脚、交脚、朝天、顺风，凡五等，唯直脚贵贱通服之。』直脚幞头又称平脚或展脚幞头，是两宋官服通用的式样，展脚可以拆卸，用时安装即可。局脚是弯曲的幞头脚，又称卷脚。交脚是两脚相交。朝天是两脚直上。顺风脚是指幞头脚的方向共同偏向一边，仿佛顺着风吹的方向一般。还有官员日常使用的软脚幞头、差吏男仆专属的无脚幞头……

宋代幞头的特点是帽带的变化丰富多彩，不像唐代幞头多为软脚。

/戴曲翅幞头的南宋差吏/

——宋画《中兴祯应图》局部，现藏于美国大都会艺术博物馆

画中头戴曲翅幞头、身着圆领衫、打绑腿者为差吏，裹巾子、着短衣者为普通市民。

• 宋代女子发型与发饰

宋代女子追求清雅、自然的装扮，与唐朝的浓艳前卫形成鲜明对比。

但宋代女子对发型发饰则过度追求，在头上做了不少文章，流行过各种高髻如朝天髻、包髻、双蟠髻、鬟髻等，以及婢女、丫鬟或儿童梳的双鬟、丫角和元宝发髻等。

宋代女子好戴各种头冠，见于文献记载和出土实物的冠饰有白角冠、珠冠、团冠、花冠、高冠、冠梳、垂肩冠等。其中花冠最特别。女性喜欢簪花，男性也不例外，皇宫侍卫在重大的礼仪上会在幞头上簪花，平民男子在婚礼上也会在幞头上簪花。此例一直沿用至明代。

镜台

/山口冠/

又称团冠。因将团冠少裁其两边而高起前后两片，故称『山口』。贵族家庭用金银薄片锤打而成，而普通人家则以竹编制，涂成绿色。团冠是宋代最流行的日常冠式。

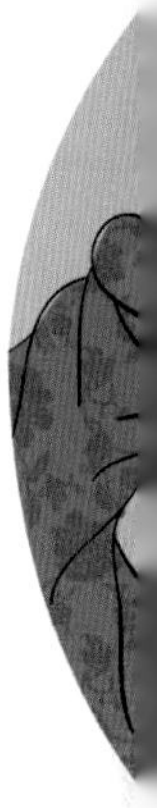

/戴前后出角大冠的宋代女子/

——依据河南省禹州市白沙出土宋墓壁画绘制

据记载，宋代女子流行大梳裹，发髻和发冠一路向着高大膨胀的方向发展，导致政府一再颁布法令禁止，然屡禁不止，可见宋代女子对高冠大髻的痴迷程度非同一般。图中这个对镜理红妆的妇人，手持一顶前后出角、形制特别的膨大头冠，正准备戴上头去。此冠有点像『出四角而长矣』的白角冠，但缺了两个角，孙机先生认为可能是简化了的白角冠，沈从文先生认为也许是当时的孝冠。究竟是何种冠，尚无定论。

/花冠与盖头：最时尚奢华的流行女子头饰/

花冠：宋代女子爱戴花，因此各类花冠层出不穷，争奇斗艳。她们在花冠上或插真花，或插假花，更以各种花鸟状的簪钗和大尺寸的梳篦横插竖插于发髻之上，无奇

但女人们不理会，仍是争相斗艳，花冠高度甚至超过了三尺，令人瞠目结舌。

盖头：宋朝贵族妇女出行必须以巾蒙头，称幂首巾，又因朱熹提倡，再名『文公兜』。这种装扮后来被日本人学了去，在大名鼎鼎的大河剧（长篇历史连续剧）中，常常可以见到。宋朝重婚礼，有钱人家常以金线编织盖头嫁女。

／戴重楼子花冠的女子／

——宋代绢画《招凉仕女图》，现藏于台北故宫博物院

/戴簪花幞头的侍女/

——宋代绢画《宋仁宗后坐像轴》局部，现藏于台北故宫博物院

图中人物为宋仁宗皇后的侍女。只见她头戴一年景（宋代流行将一年四季之杂花汇集编织成花冠，谓之『一年景』）簪花曲脚幞头，身穿圆领织锦窄袖袍，衣缘边及裙子每道褶的边缘都饰以珍珠，腰系镶玉革带；面绘三白妆，贴珠钿；足蹬宋代特色的小钩鞋。好一个豪华盛装版的美女。

簪花曲脚幞头

宋仁宗皇后的侍女

●唐伯虎笔下的宋代时尚

中国古代的文人画，往往以前朝人事为题材，故画中人物的服饰场景，多为艺术家的想象或美化，不可作为判断朝代的可靠依据。而宫廷画家和以绘制家族肖像为生的民间画师则以写实为主，所绘人物的服饰形象可以作为判断时代的参考依据。

唐寅是明代著名的文人，诗书画无所不能，为明四家之一。他所画的《王蜀宫妓图》描绘的是五代前蜀后主王衍的后宫故事。画面上四个宫女装扮齐整，面施三白妆，头戴金莲花冠，身着窄袖褙子，脚穿小钩鞋，正在等待君王的召唤。但实际上，这幅由明朝人画的五代故事，其中的装束都是宋代的流行样式，参照宋人刘宗古的《瑶台步月图》即可发现，两图之中的人物装束高度相似。明代与宋代，虽然中间隔了一个元代，但大宋的时尚之风仍能吹拂不止，可见其生命力之顽强。

宋朝的发展最后被蒙古人的铁蹄野蛮地中断了。崖山战败，有十万不愿改变宋朝生活方式的军民毅然投海，天地为之变色，山河为之恸哭。宋朝没了，但宋朝创造的美不会消失，它永远地留在了中国人的记忆里，绵延不绝，待机重绽。

／《瑶台步月图》／

——现藏于北京故宫博物院

《王蜀宫妓图》

——现藏于北京故宫博物院

/元代半臂/

——依据陕西省西安市曲江池元墓出土陶俑着装绘制

元朝的特色服装

元朝是蒙古人的天下。蒙古族统治者规定官服基本上各穿各的，即汉人穿汉服，蒙古人穿蒙古服。汉人的官服式样仍多为唐式圆领袍加幞头，蒙古

以下介绍几件别有特色的元代服装：

● 有『背』无『胸』的半臂

此件半臂原与黄地暗花绫地印金卧兽纹对襟上衣套穿，是元代较为流行的服装。衣身部分采用整幅花卉纹暗花绫面料，仅袖口部分有拼接。由于套穿在外面，所以花纹布满整件半臂。半臂背部的主体图案是方搭子纹，高三十一厘米，宽二十六点五厘米，上面印有凤穿牡丹图案。这种装饰源自金代，流行于元代，一般有两片，一片在胸部，一片在背部，称为『胸背』。

当时的『胸背』以妆金（包括妆花）工艺为主，也有采用印金工艺的，但极少使用刺绣，图案包括龙、凤、麒麟、鹿或其他装饰性题材，但并无等级象征意义。到了明代，中原地区用鸟兽象征官员等级的传统与元代的『胸背』形式相融合，产生了象征官员等级的『补子』。

/穿半臂的元代女子/

——依据陕西省西安市曲江池元墓出土陶俑绘制

这个元代女子身穿交领窄袖上襦，外罩对襟半臂，下束长裙，头梳包髻，无任何首饰，甚为朴素。

/元代辫线袄/

——依据中国丝绸博物馆藏实物绘制

与曳撒搭配的裤子与靴套

●最帅的骑马服：曳撒

曳撒又称辫线袄子。形制为右衽交领，紧袖，下摆宽大，折褶，腰间紧束，有辫线围腰，便于骑射。曳撒是元代中下层官员最爱的骑马服，一直沿用到明代，仍常作为外出骑乘之服。

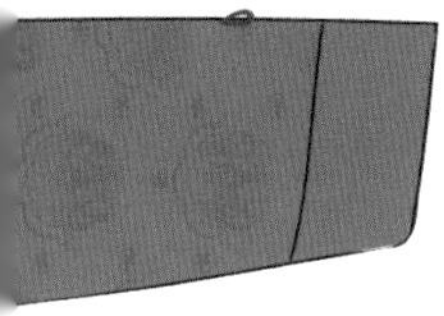

• 长袖兼短袖的海青衣

海青衣为交领窄袖袍。其设计之巧妙处是在两袖近肩部位各开一口，并于后背中缝距领子十四厘米处缝有一颗悬纽，而在两袖距袖口约十六厘米处各钉一纽襻，因此天热时可将开口以下的长袖反扣于衣背的悬纽上，手臂则从开口处伸出，这样长袖衣就变成了短袖衣；同时下摆两侧开衩，方便骑行。此种设计非常适合游牧民族的野外生活。

/菱地飞鸟纹绫海青衣/

——依据中国丝绸博物馆藏实物绘制

珠围翠绕
明清意趣

陆

一三六八年至一九一一年

明朝：一三六八年至一六四四年

清朝：一六四四年至一九一一年

服饰特征

形：

官方正装：

朝服：戴梁冠，着赤罗衣裳束大带。

常服：着圆领补服、蟒袍，腰系革带，戴乌纱帽。

流行服饰：圆领袍、直裰、大衫、褙子、比甲、袄裙、宽腿裤、高底鞋。

色：

官方用色：明尚赤。

流行色：多姿多彩。

织：

流行衣料：缂丝、妆花、织金锦、纱罗、丝绒、印花彩绘、绣。

饰：

时尚配饰：凤冠霞帔，特髻、鬏髻、头面、幞头、各种巾子，四方平定巾与六合一统帽。

时代关键词

明代汉族重新执政，明太祖朱元璋『诏复衣冠如唐制』。

清军入关，暴力推行剃发易服令，汉服退出历史舞台。

服装大事件

明代是汉服存在的最后一个朝代。明朝政府以恢复和弘扬汉家威仪为己任，极力划清与元代的界限。早在明朝之初，明太祖朱元璋即颁令全面禁止蒙古风俗，明文规定『士民皆束发于顶，官则乌纱帽，圆领袍、束带、黑靴，士庶则服四带巾，杂色盘衣领，不得用黄玄，乐工冠青卍字顶巾，系红绿帛带……不得服两截胡衣，其辫发、椎髻、胡服、胡语、胡姓，一切禁止』（《明太祖实录》）。后来，明成祖朱棣和明世宗朱厚熜执政时又对舆服制度做了进一步完善，形成了一套完整的包括帝王公侯、文武百官、平民百姓乃至三教九流在内的翔实的、具体的服饰制度。

清军一六四四年入关，强颁剃发令，声称『留头不留发，留发不留头』，强迫人民按满族风俗统一服饰。顺治九年（一六五二年），清

／徐光启像／

——明代画像，现藏于上海市历史博物馆

徐光启，上海人，晚明著名科学家、政治家，曾官至礼部尚书兼文渊阁大学士、内阁次辅。

袍的形式，并融合元代『胸背』样式的基础上，独创出一套以『禽兽』图案代表官阶高低的官服常服形制。

明朝补子是以一块四十至五十厘米见方的绸料织绣出不同的纹样，再缝缀到官服上的装饰，胸背面各缀一片。

补子图案：文官绣禽鸟，以示文明：一品仙鹤，二品锦鸡，三品孔雀，四品云雁，五品白鹇，六品鹭鸶，七品鸂鶒（音同西赤），八品黄鹂，九品鹌鹑。武官绣走兽，以示威猛：一品、二品狮子，三品、四品虎豹，五品熊罴，六品、七品彪，八品犀牛，九品海马。

补子从出现之日起，便成为明代官服的鲜明标志，后来也用于清朝官服的马褂上，并对周边地区和国家，如朝鲜、越南、琉球等产生直接影响。

由于补子的装饰纹样为飞禽走兽，故民间对头戴乌纱帽、身穿补子服的官员称呼为『衣冠禽兽』。

政府颁布《服色肩舆条例》，从此废除了在华夏地区流行了两千余年的汉族冠冕衣裳，汉服作为一个民族的集体标志戛然而止。

明代汉服，最后的华章

明代极力加强皇权，明太祖朱元璋终其一生都在用暴烈手段限制各级官员对皇权的架空。他废丞相，杀功臣，反贪腐，兴教化，制定等级森严的衣冠制度，规定帝王服饰有衮冕、通天冠、皮弁服、常服、燕服等，贵族爵位服饰有祭服、朝服、公服、常服等，而文武官员服饰有朝服、祭服、公服、常服、吉服、素服、忠静冠服等；其中常服以乌纱帽、圆领衫、束带为主，官阶高低以补子图案、腰带花色、帽顶、袍衫衣料加以区分。

- 『补子』：明代官服的创新样式

明朝的『补子』，在吸收唐朝武则天时期绣

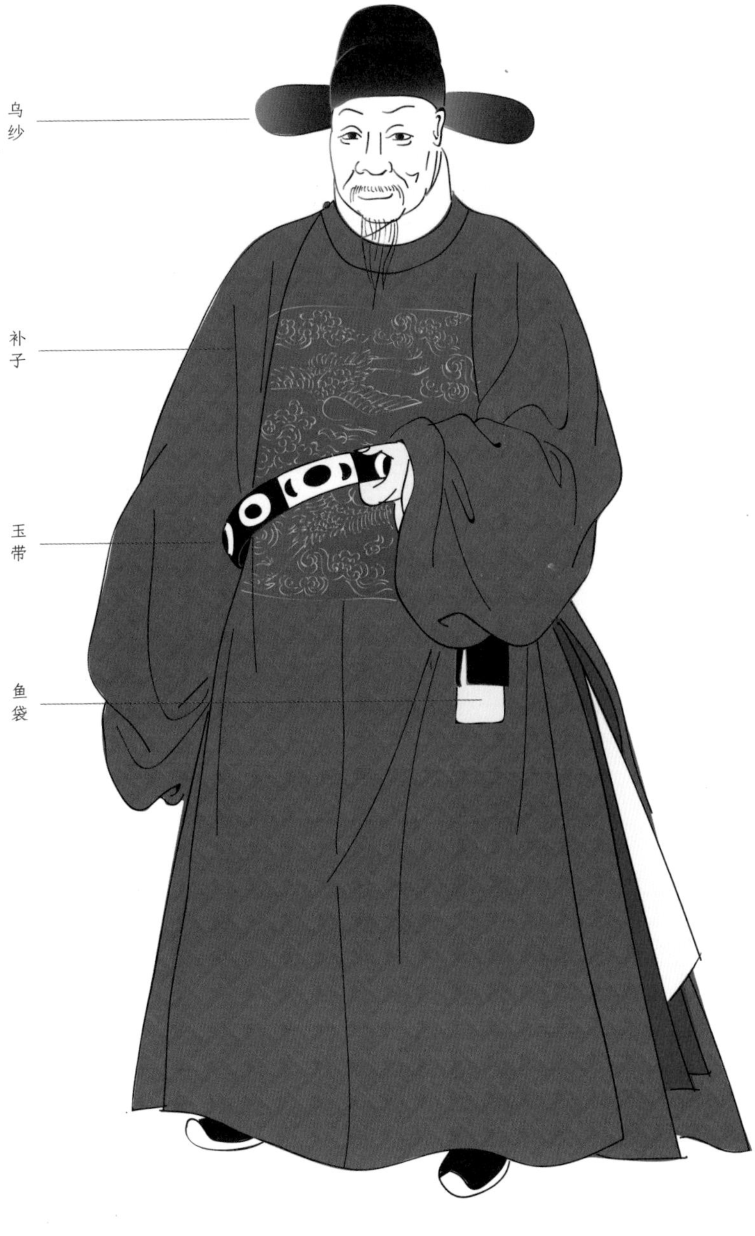

/沈度像/

——明代画像，现藏于南京博物院

沈度，明代著名书法家，官至侍讲学士。画像中的他头戴乌纱帽，身穿『补子』圆领袍，腰围玉带。明代的玉带较长，围在腰上并无束腰功能，只能松垮地挂在腰间，已经成了累赘的装饰品。

／明代早中期纳纱绣斗牛纹对襟褂／
——私人藏品，参见香港出版物《锦绣罗衣巧天工》

●蟒袍、飞鱼服与斗牛服：最嚣张的宦官服装

明朝是一个皇权肆意泛滥的朝代，也是一个经济发达和腐败并存的朝代，更是一个阉人横行的朝代。为了体现皇恩浩荡，皇帝在品官服制之外，加设了赐服制度，蟒袍、飞鱼服与斗牛服，因花纹与皇帝的衮服相似，成为皇帝特别赐给宠幸的宦官和朝廷宰辅等高级官员的服装。宦官竟然与宰辅同等服饰，这也是明朝的一道奇观。

蟒袍：形制如曳撒，绣蟒于左右，分坐蟒与行蟒，坐蟒尤其珍贵。配系玉带。

飞鱼服：在官服上绣有飞鱼纹，故名。所谓飞鱼纹，是在蟒形上加鱼鳍鱼尾，以水纹为底纹；是明代锦衣卫、大内太监所穿的礼服，除此之外的人只有蒙皇帝恩赐，才可穿着。飞鱼服是次于蟒袍的一种隆重服饰。明代锦衣卫最大的特征是身穿金黄色的飞鱼服，象征其大权在握、不可一世的地位。

斗牛服：斗牛与飞鱼相似，也是传说中的一种神兽，通常是身体如龙形，头生两个弯曲向下的牛角，故名。斗牛服是次于蟒服、飞鱼服的一种隆重服饰。

/贴里/
——依据孔府旧藏实物绘制

● 贴里：内外功能兼具的通用袍服

贴里是一种腋下系带、下摆有褶的交领袍子，形制与元代的曳撒相近，都是上下两截连成一体。二者的区别在于：曳撒前身分裁后身通裁，贴里前后均分裁，腰部做大小褶，士庶通用。

贴里可以内穿，也可以外穿；可以加『胸背』成为补服，也可以绣蟒纹成为蟒袍。宫中内臣大多穿贴里，锦衣卫穿的飞鱼服也是贴里。另外，明代的士庶群体平时也爱将贴里当作便服来穿，可见其流行的范围相当广泛。

/穿贴里的内侍/

——依据《明宪宗元宵行乐图》局部绘制

●明代官服常服的标准搭配与穿着顺序

穿着顺序由内而外：

一、蓝色暗花纱贴里（孔府旧藏，现藏于山东博物馆）

这件贴里面料为暗花纱罗，云纹。身长一百三十三厘米，腰宽五十三厘米，两袖通长二百四十五点五厘米，袖宽五十五点二厘米，直领，大襟（指衣服表面的幅度较大的衣襟）右衽，宽袖，衣身前后上下分裁，腰部以下有大小褶，如百褶裙状。衣身左后侧开衩，领部加白纱护领。贴里是明代男性服饰的基本款之一，通常穿于褡护之下。贴里的褶子能使袍身宽大的下摆蓬起，显得端庄稳重。

二、白色素纱褡护（孔府旧藏，现藏于山东博物馆）

褡护本是从半臂演变而来的一种服装，元代较为流行，至明后期发展成短袖或无袖的长衣。此件褡护身长一百四十一厘米，肩宽六十六点七厘米，直领，大襟右衽，无袖，左右两侧开衩并有双摆，领部加白绸护领。褡护一般穿在圆领袍下、贴里之上，双摆在穿着时衬于圆领袍的摆内。

三、圆领袍服（孔府旧藏，现藏于山东博物馆）

圆领袍是明代文武官员作为公服与常服的标准外衣，形制为圆领，大襟右衽，大袖，左右两侧出摆。左侧接大襟，右侧接小襟（指衣服内里的幅度较小的衣襟）。领缘右肩处有一对纽襻，袍身背后有一对带襻，用于穿挂革带。在穿着时里面要根据不同场合搭配不同形制的『衬衣』。此件圆领袍身长一百三十五厘米，腰宽六十五厘米，两袖通长二百四十九厘米，袖宽七十二厘米。

在明代，贴里、褡护、圆领袍常与乌纱帽、束带、黑靴等组成一套完整的官员常服。

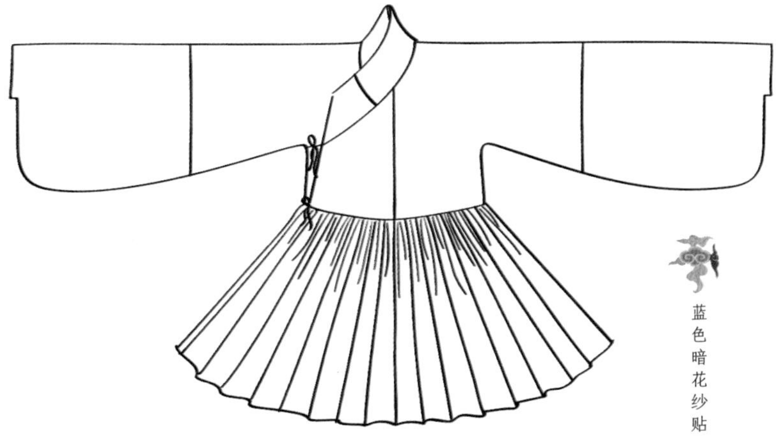

蓝色暗花纱贴里

白色素纱褡护

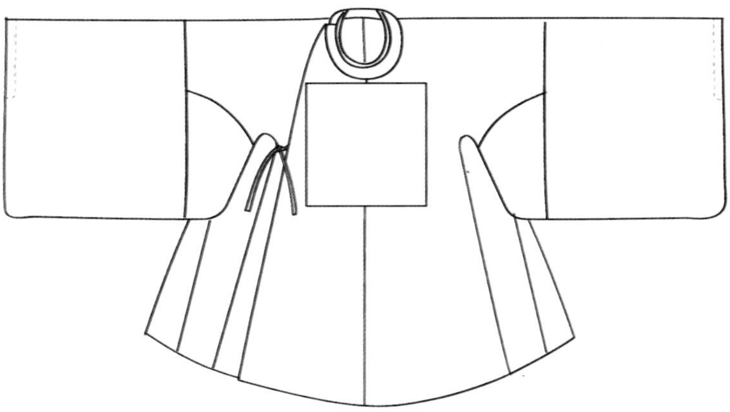

圆领袍服

●皇后的百子衣：华丽重工的一曲悲歌

明朝是对女子极不友好的朝代。不仅规定三纲，要求女子未嫁从父，出嫁从夫，夫死从子，甚至在明初，皇帝及亲王公侯官宦之家的妾室都是要生殉陪葬的。宫中嫔妃即便是生下了儿子，也不见得能有好下场。拥有这件华丽的百子绣衣的明代孝靖皇后，就是一个可怜的宫中女子。

孝靖皇后王氏，原为太后的侍女，偶然被万历皇帝临幸，生下太子，勉强封妃。之后，万历皇帝处处看她不顺眼，虐待她，幽禁她，一直折磨她至死。死后也不好好安葬，以至于尸身腐烂，只得草草埋在皇陵附近。直到她的孙子即位，才被追封为皇太后，棺木被挖出，补充大量珍贵的陪葬物品，迁葬于定陵玄宫，与刻薄的万历皇帝及皇后合葬一处。

可怜的孝靖皇后生前被当作生育工具，死后多年才得到追封谥号和一大堆她再也享用不了的宝物，这件绣工繁复华丽的『红素罗绣平金龙百子花卉方领女夹衣』，就是其中之一。仿佛为了补偿祖母悲惨的一生，皇太孙明熹宗倾宫中之能工巧匠，为祖母裁制了这件美丽的百子与群龙围绕戏耍的华贵夹衣。

此衣底料为方目（孔）纱（一种带有小方孔的平纹透明丝织物），形制为方领，对开襟。方领和对襟上有金属对扣，是为明代的流行款式。

此衣绣工繁复华丽，首先在方目纱底料上以绛红线满绣菱格花纹，再在其上以京绣之著名技法洒线绣绣出主题图案——九条龙和百子戏图，同时融合了广绣与苏绣的针法，在尺幅之间勾勒出一幅金龙腾飞、百子戏耍、杂宝陈列、四季更替、万物更新的喜庆场面，传递出强烈的祈求多子多福、江山万代的愿望。明熹宗是想让他苦命的祖母在另一个世界置身于繁华喧闹的儿童乐园，以弥补她今生的孤苦和凄惨吗？皇权之残忍和虚伪，莫过于此。

/红素罗绣平金龙百子花卉方领女夹衣/

——依据定陵明孝靖皇后墓出土实物绘制

●金属纽扣：明代最具特色的服饰配件

孝靖皇后的百子衣最特别的配件是一对金镶宝石的子母扣，这种结扣的方式前所未见。自古以来，汉服系结的方式都是以带相结。最早的纽扣出现在距今约四千六百年前的甘肃，是一颗陶丸。南北朝、唐、宋时期的圆领袍的领子上也有纽扣，但并非子母扣。

子母扣是明朝的发明，并大量使用于成衣之上。明代子母扣一般采用金、银、铜等金属和玉石材料制作，有的镶嵌珠宝，样式大小不一，通常用于衣领的纽扣稍小，用于衣襟的纽扣稍大，工艺精细。子母扣实际上分为『纽扣』与『纽门』两个部分。扣合时，将『纽扣』一端的圆形突出部分伸入『纽门』的圆孔，除了功能性之外，还具有装饰效果。

子母扣是成双成对的，缺一不可，加之其蕴含吉祥如意的外观设计，自然成为男女之间再合适不过的传情信物，这在明代的小说及流行歌曲里时常可见。曾经风靡一时的民间曲调《挂枝儿》就有这样的曲词：『机梳儿，是奴家亲手做就。香茶儿并扣钮，都藏在里头。送亲亲牢系着，休忘了旧。香茶儿噙在口，钮扣儿在心头……』

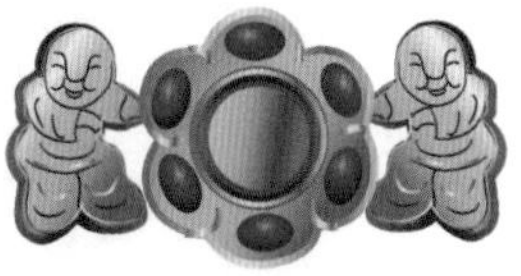

明代的金属纽扣

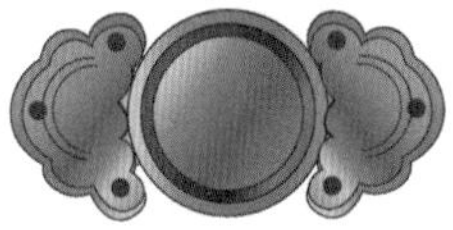

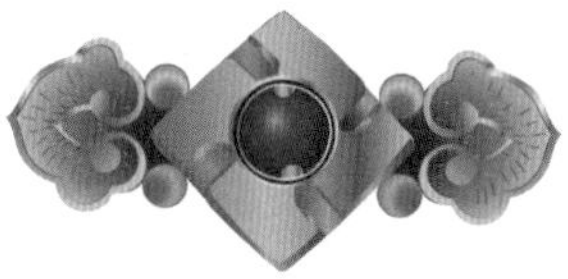

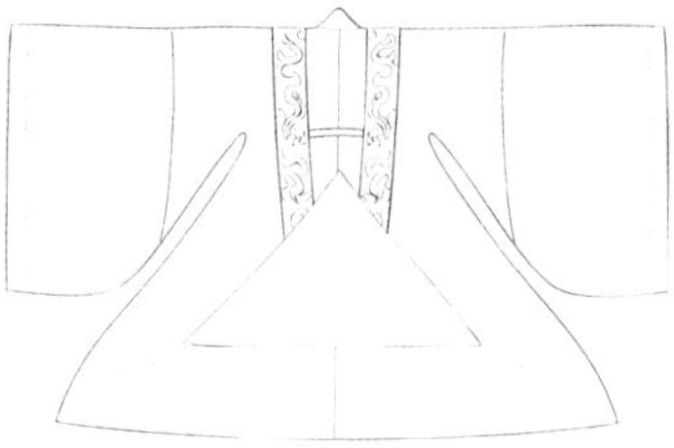

霞帔背部

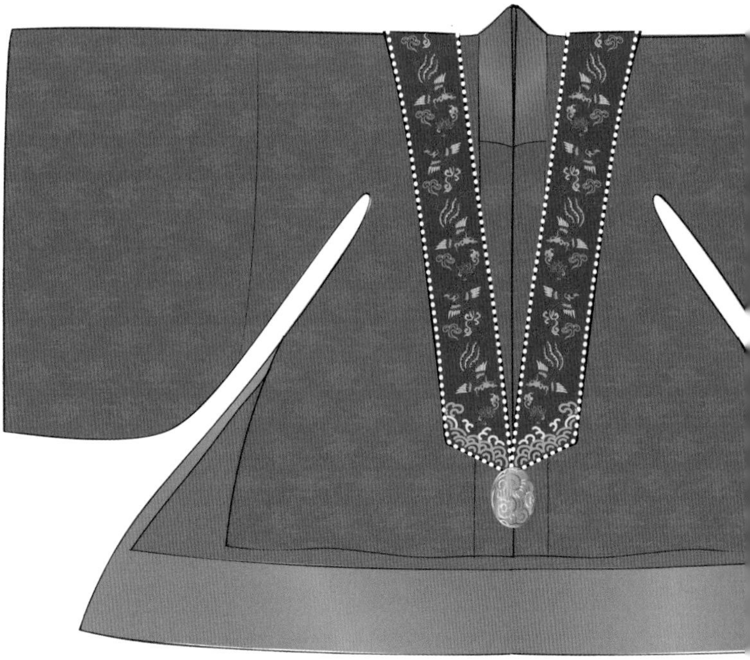

/霞帔的穿戴方法/

此服装原型为明代南昌宁靖王夫人吴氏墓出土的大衫，形制前短后长，后衣下摆有一个三角形衣兜，用于收纳霞帔尾部。

● 凤冠霞帔：最高贵的女性贵族服饰

明代致力于加强皇权，推崇程朱理学，实行三纲五常、三从四德，落实到服制上，便是规定女子衣着随夫，皇家亦不例外。从《明史·舆服志》《三才图会》《事物绀珠》《新知摘要》等文献记载中可见，对女子服饰的种种规定既详细，又清晰，透出男尊女卑、等级森严的特点，女性地位大不如前。

帔，在唐代，是一条轻柔飘逸的大围巾，缭绕于肩颈手臂，曼妙如云。到了宋代，帔逐渐退出，让位于霞帔。霞帔成为宋代贵族妇女礼服中一种隆重的装饰品，不再随意围系，施施然舒展于前后胸背之上，前端缀一个帔坠子。至明代，霞帔与凤冠搭配，共同组成了明代贵妇们的标准化礼服装饰，匹配的服装是外层红色大衫，中衬深青色鞠衣（古代王后、命妇的礼服），贴身桃红色褑袄子（衣裾开衩曰『褑』，即开衩的袄子）打底，下配『缘襈（音同赚）裙』（明代命妇特有的裙种，装饰边襕的高端马面裙）。皇后戴凤冠霞帔时，须身穿深青色褑袄子、红色鞠衣、黄色大衫。晚明时，贴身的交领褑袄子变成立领衫。宋明时，霞帔既是贵妇的礼服配饰，也是百姓的婚嫁饰品。

/鞠衣/

——依据《明宫冠服仪仗图》中服装绘制

/佩戴凤冠霞帔的明代贵妇/

——依据明代《朱佛女像》绘制

朱佛女是朱元璋的二姐，早逝，明朝建立后被追封曹国长公主，此像是她被追封公主时的画像。图中朱佛女身穿盛装，戴凤冠，披霞帔，持笏板，端的是满头珠翠，一身富贵，享受着生前未曾享受过的荣耀。

凤冠

珠翠九凤冠
霞帔
大衫
玉带
下裳
霞帔坠子

/红罗右衽短袄与双襕马面裙/

——依据《明宪宗元宵行乐图》局部绘制

● 袄（衫）裙：最流行的日常服装

以往汉服中最常见的形制是襦裙，至明代，袄（衫）裙开始流行。

袄（衫）裙就是短袄（衫）配襕裙，与襦裙的区别在于：袄（衫）裙穿着时短袄（衫）在裙腰之外，襦裙则为裙腰束在上襦之外。袄（衫）裙的搭配继承自金和南宋。因上衣较短小，名袄（衫）。袄是有衬里的夹衣，无衬里的单衣称衫。整体风格较为素雅，沿用至清代时，受旗装影响，上衣变得宽大，装饰工艺日趋复杂化。

襕裙是在宋代的百褶裙上加横襕演化而来的。襕纹是明代的装饰方法，指衣物上横缀的一道纹饰。唐宋时期已有的襕袍只是在膝下加一道拼缝，没有花纹。到了明代，裙子上出现了襕纹。襕纹一般有两条，一条在膝盖处，称为膝襕；一条在裙子底沿，称为底襕。明代前中期流行短袄短衫，因此搭配的襕裙采用膝襕宽而底襕窄的设计。到了后期长袄长衫开始流行，襕裙便变为膝襕窄而底襕宽，甚至只有底襕。另外，有竖襕的襕裙称为『缘襈裙』，一般为命妇特有的裙种。到了清代，这种裙子被称为『马面裙』。

/穿袄裙的妃嫔/

——《明宪宗元宵行乐图》局部，现藏于国家博物馆

襕裙由三部分组成：裙门、裙胁与腰头。

裙门：襕裙共有前、后、内、外四个裙门，穿着时两两相叠，因此上身效果仅能呈现前后两个裙门。露在外面的是外裙门，遮掩于内的是内裙门；位于人体前部的为前裙门，位于人体后部的为后裙门。裙门亦称马面。所以后来称襕裙为『马面裙』。

裙胁：指每联中间区域的打褶部分。

腰头：指裙腰。襕裙多以棉布为腰头，白色居多，裙腰两端有襻，用以系带。

袄裙与襦裙相比，实用性与便利性或许增加了，在审美上却是走了下坡路，失去了襦裙的飘逸与柔美，看上去呆板木讷。

/宫廷里的元宵节/

——《明宪宗元宵行乐图》局部，现藏于国家博物馆

这幅明代长卷，用写实的笔法记录了明成化二十一年（公元一四八五年）宫廷新春元宵节庆赏的种种场景。画中女子为妃嫔贵人，她们身穿休闲袄裙，头戴特髻，或抄着双手、或牵着孩子在看热闹。男子为内侍，头戴乌纱，身穿帖里，腰系革带，正在点炮仗。好一派祥和景象。二〇一九年拍摄的电视剧《大明风华》将此图中妃嫔贵人的装扮直接变成了宫女的装扮，殊不知特髻在明朝是贵族女性身份的象征，岂可张冠李戴？在明朝，这可是犯法的行为。

• 大袖褙子：明代贵妇的披风

褙子本是宋代的时尚服装，一直沿用至明代。明代褙子与宋代褙子的区别在于前襟。宋代褙子的前襟镶有领抹，直下到下摆处，一般不对合，不施扣襻之类物件；且宋代褙子衣摆较窄，两侧开衩开至腋下。而明代的褙子领部装饰只到腰以上的位置，止点有对扣、带子或其他饰品，衣摆较宽大，呈A字形。明代的大袖褙子为贵妇的礼服，穿在襦裙或袄裙的最外层，作用类似现代的披风，制作精良，下配襕裙。

——依据孔府旧藏实物绘制

● 立领右衽大襟衫：明代女子的时尚正装

明代以前，汉服一直以交领右衽为主，后受胡服影响，出现了圆领和翻领。到了明朝，又出现了一个新的领型——立领。这一领型演变到后来成为现代立领的模样。

明代立领大襟衫，在斜襟右衽的基础上加了一个立领。领口上有子母扣，右衽斜襟仍用带子系结，衣身可长可短。《醒世姻缘传》第三十七回中有对其搭配穿法的描写：『只见那个闺女手里挽着头发，头上勒着绊头带子，身上穿着一件小生纱大襟褂子，底下一条月白秋罗裤，白花膝裤。』这里说的是大襟衫做常服时的情形：衣身略短小，可搭裤子穿。但其做礼服时，衣身则宽大而长，一般搭配马面裙，是明代贵妇的正装。可见大襟衫既可配裙，亦可搭裤子，是一件视场合而定、可以灵活搭配的女装上衣。

『立领大襟』这种服装结构经过演变，从此流行至今，尤其在民国时期，『大襟衫』广泛普及，是女子的常用服装。『立领大襟』这个元素，至今还在被时尚界运用，已成为中式服装的重要标志之一。

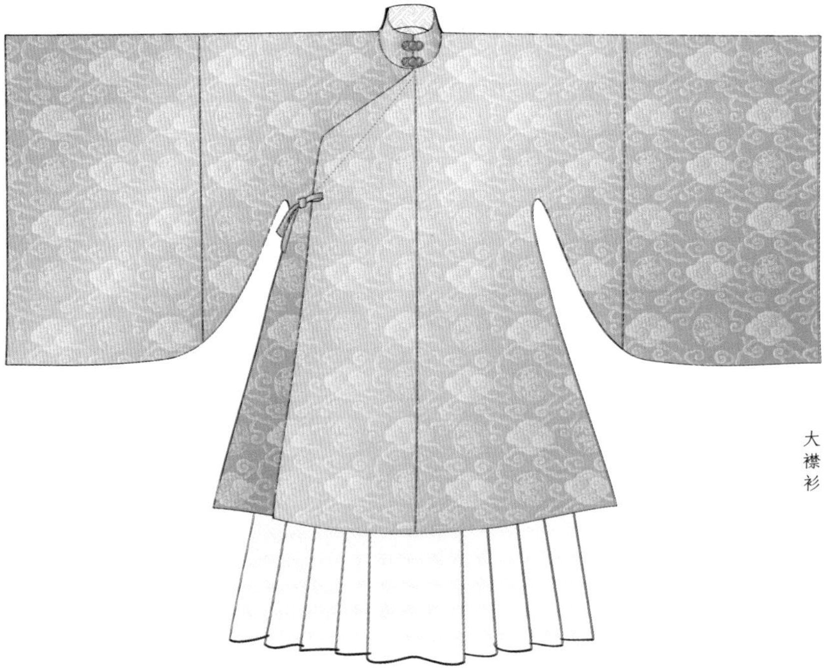

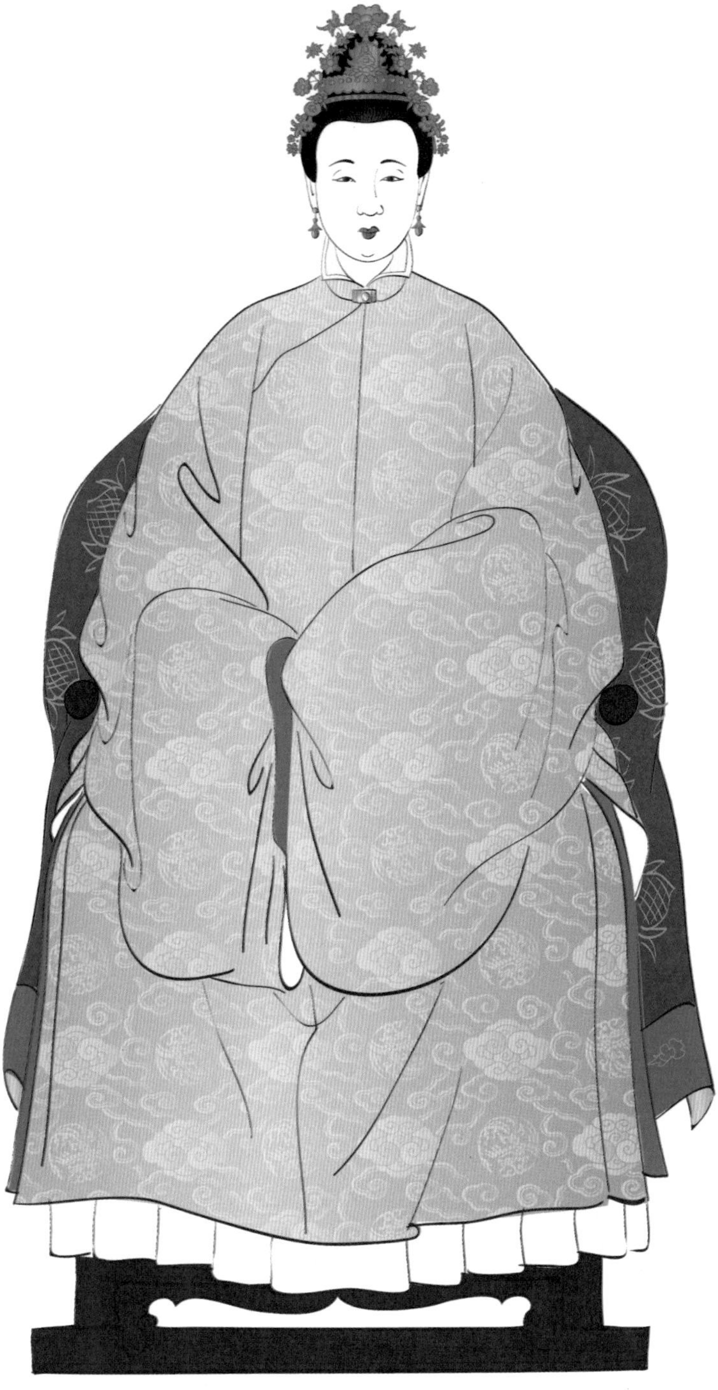

/明代贵妇的正装打扮/
鬏髻、头面、大襟衫、马面裙。

•比甲：年轻女子最爱的时装

有明一代，皇权无处不在，大到开疆拓土，小到服饰发型，朝廷都要管，都做了详细的规定，甚至连未婚女子、贩夫走卒、奴婢丫鬟的衣装发式也不例外。然而爱美之心是禁不住的，民间原有一种元代流传下来的无袖无领的对襟式上衣，称为比甲，受到各阶层百姓，尤其是年轻女子的欢迎，很快成为人见人爱、流行一时的时尚服装。

比甲是一种长背心，形制有如士兵的罩甲，通常穿在袄裙外面，颜色与袄裙往往形成鲜明对比，明代小说《金瓶梅》对此有细致的描写：『李瓶儿知月娘众人来看灯，临街楼上设放围屏桌席，悬挂许多花灯……吴月娘穿着大红妆花通袖袄儿，娇绿缎裙，貂鼠皮袄。李娇儿、孟玉楼、潘金莲都是白绫袄儿，蓝缎裙。李娇儿是沉香色遍地金比甲，孟玉楼是绿遍地金比甲，潘金莲是大红遍地金比甲，头上珠翠堆盈，凤钗半卸……』看这般配色，端的是热闹跳达，富贵扎眼，哪里还理会得朝廷的规矩。

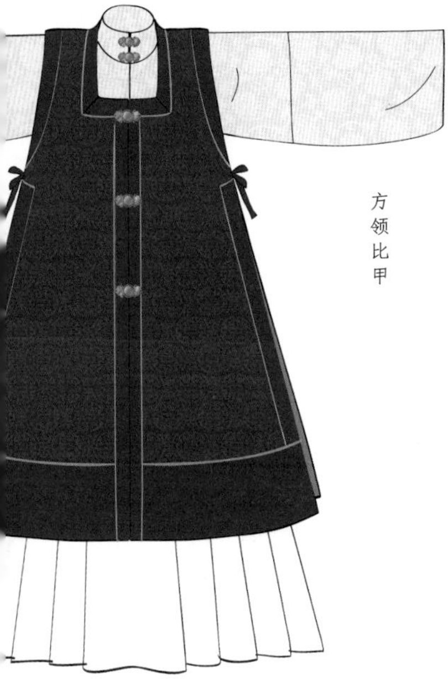

方领比甲

/穿比甲的女子/

——依据明末清初绢本《燕寝怡情》册页局部绘制

•半臂配袄裙：明代女子的宋朝装扮

明初，明太祖朱元璋打着『驱除胡虏，恢复中华』的道德大旗，全面废除了元朝的冕服制度，恢复了中原的华夏服制，因此得到了民间的广泛支持。明代去宋不远，当时民间女子之中流行一种宋代的着装方式：上穿交领衣，下着百褶裙，外罩锦半臂。虽说是宋代风格，但是因为时代改变，明代的宋风其实根本没有宋代的气质，失去了修长与飘逸，剩下了肥短和敦实。穿衣这回事，委实与朝代的气质相合。中国的审美在唐宋之前是向上之势，之后便是走下坡路了。若不信，且看明代画家笔下的人物。

交领衣

锦半臂

明式宋风装扮

李流芳像

——依据故宫博物院藏画绘制

鹤氅

● 披风配红鞋：明代文人的最爱

披风是一种对襟大衫，与鹤氅形制相近，因其洒脱飘逸，深受文人喜爱。内穿道袍，足踏红鞋，外罩披风，是明代文人逸士惯常的穿法。

/明代文人的便服搭配/

——依据明万历画像《钱应晋像》（沈俊绘）绘制

图中人物头戴乌纱，身穿道袍，脚踏红鞋，十足闷骚。从现存不少的写实画像中可知，红鞋亦是明代文人的至爱。

/邝露像/

——依据新会博物馆藏清代绢画绘制

邝露，明末广东著名诗人，工诗、善书、能琴，生性浪漫不羁，曾为南明永历政权中书舍人。清顺治七年（公元一六五〇年），邝露奉命返广州，遇清军围城，遂与将士死守十月有余。城破，邝露抱着心爱的唐琴「绿绮台」从容归家，置身于平生所收藏之怀素真迹及宝剑之间，抚琴吟唱，绝食而死。

此图为清人所绘。图中邝露头戴竹笠，身穿圆领襕袍，腰系玉扣束带，手中所持应该就是最后相伴他的唐代名琴「绿绮台」。岭南潮湿多雨，圆领袍配竹笠就是当时当地的一种独特的穿戴方式。据传苏东坡被贬岭南时也经常是这一身装扮，同时足蹬木屐。宋张瑞义《贵耳集》曰：「东坡在儋耳，无书可读，黎子家有柳文数册，尽日玩诵，一日遇雨，借笠屐而归。」说的就是苏东坡冒雨戴笠着屐而归的情景。

/穿纱罗褙子的一家三口/

——依据明末清初绢本《燕寝怡情》册页局部绘制

炎炎夏日，这一家三口在庭院铺设凉席，纳凉嬉戏。三人都穿着轻薄透气的纱罗褙子，当胸只有一对系带，或系或敞，堪称便宜。

● 明末江南贵族的居家装束

明代中晚期，社会经济发达，尤以江南地区为甚。江南才子唐寅曾有诗云：『世间乐土是吴中，中有阊门更擅雄。翠袖三千楼上下，黄金百万水西东。五更市卖何曾绝，四远方言总不同。若使画师描作画，画师应道画难工。』阊门是苏州古城的西门，唐寅是在夸自己的家乡真乃道不尽的繁华浮夸，描不完的富贵奢侈。

一地经济既发达，民风必浮夸，必追求享乐，引领时尚，彰显个性，因此晚明时期『天崩地解，纲纪凌夷』也非稀奇事了。且对于明朝这样一个恨不能把人管得死死的王朝，严苛的规矩不就是用来打破和僭越的吗？晚明的江南风气在这方面确是出足了风头，『自昔吴俗习奢华，乐奇异，人情皆观赴焉。吴制服而华，以为非是弗文也。吴制器而美，以为非是弗珍也。四方重吴服，而吴益工于服。四方贵吴器，而吴益工于器。是吴俗之侈者愈侈，而四方之观赴于吴者，又安能挽而之俭也』（明·张瀚：《松窗梦语》）。下面提到的一组图画，就是这华丽吴服的真实写照。

《燕寝怡情》是明末清初之际江南画家所绘的一套关于江南贵族男女闺房之乐的图集，后成为清宫内府收藏的珍品。图集生动、细致、写实地描绘了当时江南贵族的家居生活，以及各色人等的着装打扮，为汉服最后的华章留下了一份珍贵的直观史料。

立领对襟大衫配襕裙

／穿披风的贵妇／

——依据明末清初绢本《燕寝怡情》册页局部绘制

秋高气爽，一男三女坐于庭院，吃酒赏菊，击鼓传花。偶有金风，女士们穿上了对襟外衣——披风。这种披风款式源于宋代的褙子，不过明代的领抹不像宋代那样一抹到底，只在衣带处上方结束。另外明代更创制了一种立领对襟大衫，干脆不要领抹，就像此图中正面所坐女子身上穿的那件大衫，配上襕裙，袅袅娜娜的倒比袄裙来得风姿绰约，端庄好看。

/穿水田衣的婢女/

——依据明末清初绢本《燕寝怡情》册页局部绘制

春日午后，主人入寝。一俏丫鬟立于帐外，身穿蒲桃青色高领对襟衫，下着荷花色马面裙，外罩百纳水田衣，正在聚精会神地偷听主人家的儿女私情。

明代晚期，奢侈之风盛行，即便穷人家的女子，再穷也要在服饰上争个风头，于是水田衣这种奇装异服便大行其道，风靡一时。水田衣原是穷人家买不起整匹的衣料而动用巧思，以各式零碎布头拼接而成的衣服。因各色布头面料色彩互相交错，形状如水田而得名。

这种百纳拼接碎布头而成衣的形式最早出现于唐朝，多用来缝制袈裟。至明清时，在社会上广为流行。其形制早期较注意匀称均衡，将各种零头锦缎织料都尽量裁成长方形，然后有序地缝合，如此图中丫鬟身上所穿的水田衣。后来因整齐的碎料子不易得，便因材制衣，将大小不一、形状各异、色彩斑斓的各式碎布头拼接成一件完整的衣裳，虽然像是浑身打满了补丁，却也获得了非同凡响的视觉反馈，达到了令人耳目一新的审美效果，甚至连富庶阶

层也有人仿效。民间也有以这种方式为刚出生的婴儿缝制衣物的风俗，称为『百衲衣』，除了节俭的原因之外，还有纳百家之福的意思。

/穿纱罗对襟衫的女子/

——依据明末清初绢本《燕寝怡情》册页局部绘制

夏日炎热，此女子梳个一窝丝杭州攒螺旋髻，身着轻薄的纱罗衫子，下配荷花色罗裙，一只畸形小脚套着大红色的小鞋从裙底露出，右手持扇，左手拎香囊。真个是『窄罗衫子薄罗裙，小腰身，晚妆新』（唐·张泌）。

/云肩：明代女子的流行服饰/

——依据明末清初绢本《燕寝怡情》册页局部绘制

春光明媚，一对男女坐于庭院，正在欣赏琵琶弹奏。只见那女子梳高髻，戴凤钗，盛装打扮：内穿大红中衣，下着荷花色马面裙，外罩青色对襟披风，肩颈处罩着一件皂色柳叶式小云肩。

云肩是从早期的神仙服饰发展而来的一种衣饰，最迟在元朝时已经成为贵族男女的装扮，到了明朝更是广为流行，成为明代女子最爱的衣饰之一。

早期的云肩多形似翅膀，坠于肩头两侧，从敦煌壁画神仙菩萨的衣着中可以见其踪影。后来约在宋金时期，绕颈一周的云肩逐渐成为主流。经过元明时期的发展，到清代时，云肩广泛普及到社会的各个阶层，成为岁时节令或婚嫁时的标准配饰，特别成为婚嫁时青年女子不可或缺的衣饰。

／『薄雾浓云愁永昼』，『斜倚薰笼坐到明』／

——依据陈洪绶《斜倚薰笼图轴》绘制

风乍起，一位姿容姣好的仕女，独自拥锦被斜倚在点了香薰的薰笼上，抬头与架上的鹦鹉逗趣……生活是如此安逸，又寂寞。端的是『薄雾浓云愁永昼』（宋·李清照），『斜倚薰笼坐到明』（唐·白居易）。

明代中晚期，江浙地区生活富庶，中等以上人家竞相攀比斗富。如同图中这位女子，薰衣薰被薰人兼取暖，所费必定不赀。陈老莲画的虽大约是白居易《后宫词》的意境，但自然显露的倒是明末江南地区富贵人家的生活场景，有趣得紧。

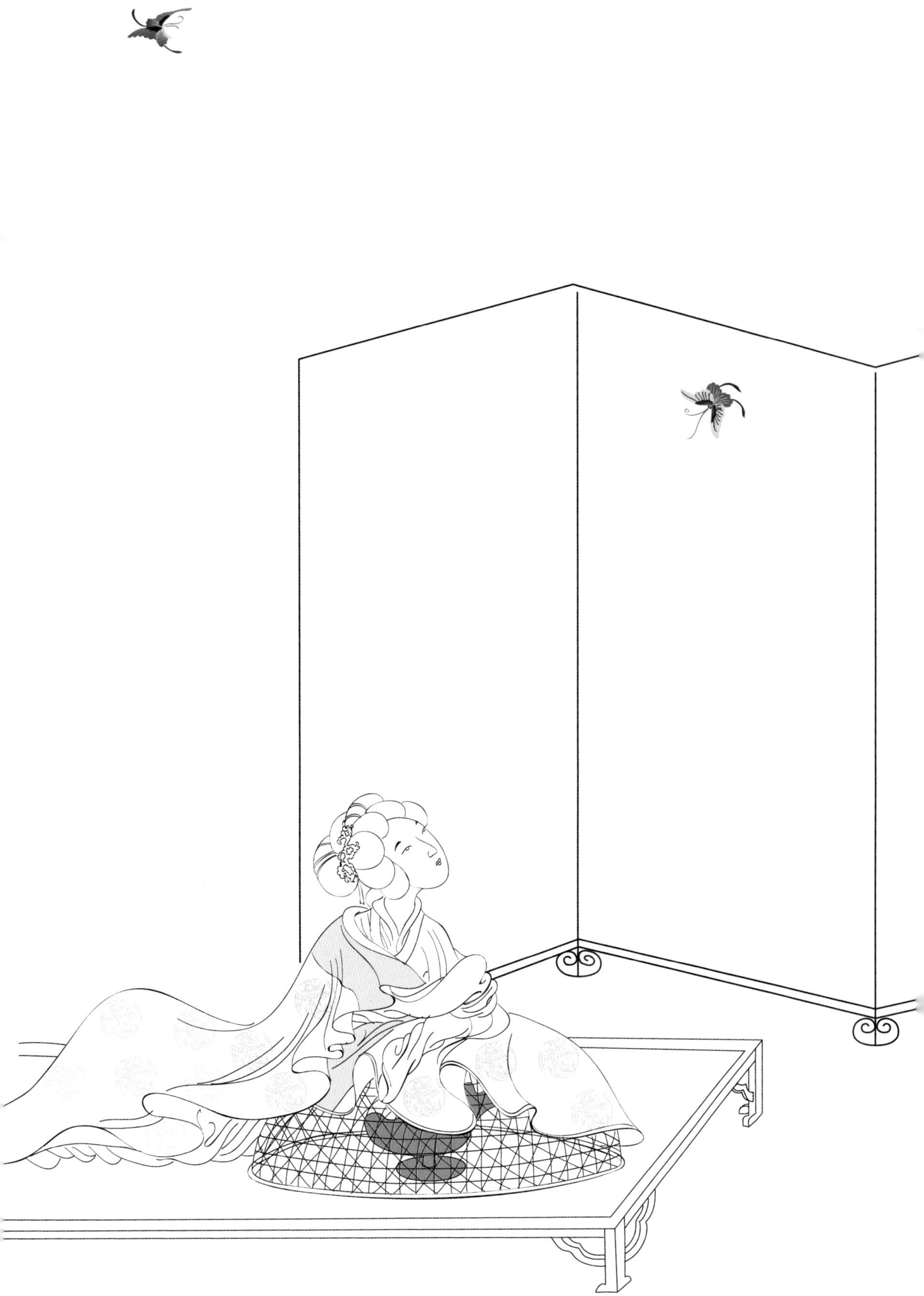

● 鬏（音同敌）髻与头面：明代已婚妇女的主要首服

鬏髻是明代已婚妇女特有的主要首服，或可称为正装，是女主人身份的象征。

鬏髻的出现一是受北宋妇女戴冠风气的影响，二是与金元时期妇女流行『包髻』有关。

元代便有『鬏髻』一词出现，但指的是发髻本身。后来受女子戴冠和包髻风气的影响，便在发髻上加裹织物，或用头发、马尾、篾丝，甚至用纸或织物编成鬏髻戴在发髻上；到了明代中期，进而出现了以金银丝编结鬏髻的奢靡之风。由此可见，鬏髻就是以上述各种材料编结而成的发冠，外面通常覆以黑纱，形似圆锥，戴在头上罩住头顶的发髻。

鬏髻上通常插戴有各式簪钗，加上耳环耳坠，合成一副完整的头饰，称为头面。

头面在鬏髻上的插戴方式十分特别，各种簪钗依据功能分配在不同的位置，并有不同的名称。例如，将鬏髻罩在绾好的发髻上固定之后，在鬏髻正面当中由下而上插一支大簪，名曰挑心；另在髻顶自上而下直插一簪加固鬏髻，名曰顶簪；之后在鬏髻正面底部绑上头箍；再在鬏髻背面底部插上如同笔架形状的分心，分心在明代小说中又称为满冠，因常以池塘小景为纹饰，又名满池娇；分心也有插在鬏髻正面的，称为前分心；最后在鬏髻下部侧面两鬓部位插簪，名曰掩鬓；之后再配上耳环或耳坠。如此，一副基本完整的头面便各归其位了。

鬏髻与头面

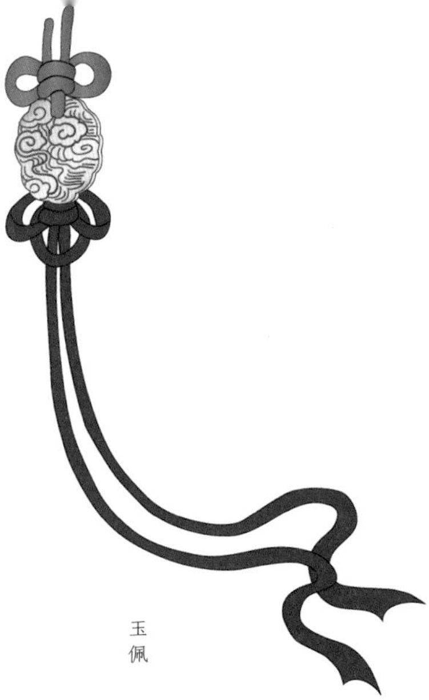

玉佩

项圈

团凤纹样

/陈洪绶笔下的时尚佳人/

陈洪绶，明末清初著名书画家，诗人。他爱画人物，尤其爱画女人。他画的女人头大面丰，眉眼含情，衣纹流畅，神韵满满，堪称中国人物画的上乘之作。

如这幅仕女图，图中人物盛装打扮：头梳高髻，鬓插掩鬓，耳垂耳坠；身着大袖圆领衫，下着马面长裙，外系围裳；持笏板，戴项圈，挂玉佩（禁步）。好一个时尚满身、风姿绰约的明代佳人。她身上、头上所穿戴的，无不是明代时尚流行的衣装首饰，堪称晚明一代『名模』。

前后分明的幅巾

• 平定巾与一统帽：最含吹捧意味的明代男子首服

——依据明万历刻《御世仁风》插图绘制

明初流行各种巾帽，但最后由政府颁令通行全国、统一使用的是两种男子首服：一是知识分子如儒生和士子的专用头巾『四方平定巾』；一是庶人百姓使用的『六合一统帽』。

四方平定巾，也称方巾，以黑纱为之，可以折叠，展开时四角皆方。相传明初，儒生杨维桢觐见明太祖时戴的就是这种巾子。太祖问他：『此巾何名？』杨酸儒答：『此四方平定巾也。』朱元璋大喜，遂将此『马屁』颁布天下，诏令全国使用，『洪武三年（公元一三七〇年），令士人戴四方平定巾』（明·郎瑛：《七修类稿》卷十四）。

四方平定巾

幅巾

六合一统帽，即俗称的瓜皮帽，用六块罗帛缝拼，六瓣合缝，下有帽檐，传说为朱元璋创制。明人陆深《豫章漫钞》云：『今人所戴小帽，以六瓣缝合，下缀以檐如筒。阎宪副闳谓予言，亦太祖所制，若曰六合一统云尔。』一顶普通的小帽被冠以一统天下的宏伟大名，与四方平定巾的名称一样，宣示了洪武皇帝对自己丰功伟业的洋洋得意。瓜皮帽多用于市民百姓，使用面十分广泛，至清兵入关后，仍然是社会上流行的一款帽子。徐珂《清稗类钞·服饰》记载『小帽，便冠也。春冬所戴者，以缎为之；夏秋所戴者，以实纱为之，色皆黑』，指的就是这种瓜皮帽。

六合一统帽

清军入关，汉服终奏挽歌

一六四四年，清军入关，明朝灭亡。处于上升期的满清贵族早已对中原文明失去景仰之心，天下底定不久，便强行颁布剃发易服令，以暴力手段野蛮推行满洲化统治。为了让汉人遵从满族风俗，清顺治皇帝规定各地方长官在接到命令后十日内，必须实行剃发易服，如遇反抗者，一律留发不留头，留头不留发。当时清政府的地方长官命令剃头匠挑着担子行走街市，但见着没有剃发的汉族男子便强行剃之，稍有反抗，一律砍头，之后将砍下的头颅悬挂在剃头担子上示众。这种血腥手段激起了民间的强烈反抗，社会矛盾急剧激化，各地兵变四起，江浙地区反抗尤烈，清政府残酷镇压，于是发生了历史上著名的『江阴八十一日』和『嘉定三屠』事件，无数不愿屈从满俗的汉人，用鲜血与头颅完成了他们对汉家冠冕服制的最后献祭。这一曲挽歌唱得如此悲壮与凄凉。

后来，为了缓和矛盾，清政府接受了明朝遗臣金之俊的『十不从』建议，将剃发易服令做了某些调整，如规定『男从女不从，生从死不从，阳从阴不从，官从隶不从，老从少不从』等，在一定程度上缓和了民族矛盾，也使得某些『非主流』汉人得以保留明代的装束，不必剃发易服。

顺治九年（公元一六五二年），清政府颁行《服色肩舆条例》，在制度层面彻底废除实行了一千多年的汉家冠冕衣裳，汉服从此退出了历史舞台。

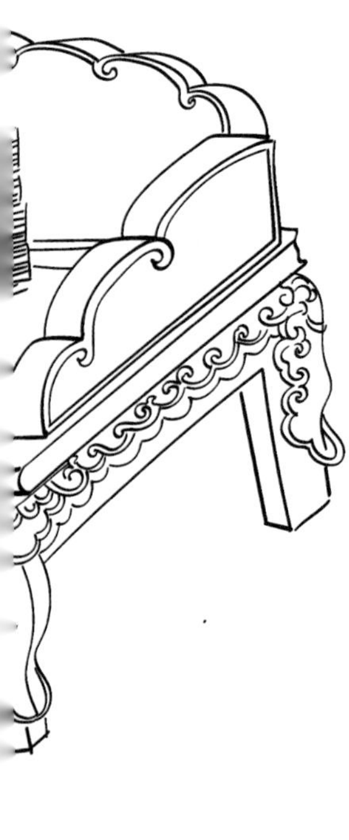

明代遗少乔元之

● 清代女子的汉服衣饰

有清一代，汉服日渐式微，但明朝流行的云肩却成了女性喜爱的服饰配件，不论满汉，女人们都喜欢日常披一袭云肩。

/《乔元之三好图》中的汉服/

——依据清初纸本设色画局部（禹之鼎作）绘制

禹之鼎是清代最为著名的肖像画家，他的画作古雅清丽，写实性强。此画作于康熙十五年（公元一六七六年）。画中的主人乔元之，是出身扬州宝应著名的乔家乡绅，生平不详，没有出仕，但却过着有书、酒、音律『三好』相伴的舒适生活。画中三位正在吹拉弹唱的女乐人都肩披云肩，身着大衫，其中一位着蓝色比甲，三人都梳着夸张高耸的发式，大概就是当时苏州一带流行的钵盂头，发型好似一个钵盂倒扣在头顶。除了发型，衣装看起来与明朝一脉相承。乔元之自己也是一身汉服，并未剃发易服。大概这就是明朝的遗老遗少们对前朝回望的一种姿态吧。

《裘装对镜》：清宫里的汉服

《裘装对镜》是清代宫廷绢画《胤禛美人图》中的一幅。图中美人是雍正皇帝的妃子，做明式装扮，身着青色裘皮褙子，内着大红高领对襟衫，下着浅皂色长裙，头戴凤钗，腰挂玉佩，手持一镜，正聚精会神地端详妆容。

有趣的是，自古以来，绘画就有后代模仿前朝的惯例，而这幅《裘装对镜》即是模仿名宋画《闺秀诗评》的著名『山寨』版绘画。

两图相较，可见宋画中的仕女衣饰素雅，神态淡定，手持一书，正在专注地阅读。而《裘装对镜》中的美人，将手上的书换成了铜镜，衣饰换作了裘服，华丽而贵重。二图的相同之处是二人的坐姿与动态，床榻、摆设，以及右手抚香炉的动作，几乎完全一样，衣饰也大体相同，只是从二人内衣的领子式样可以区分出时代的不同：宋为圆领，清为明式的立领。

两图相较，宋代女子可谓清淡不俗，有书卷气；清宫美人美则美矣，贵则贵矣，但除了脂粉气和俗气，便无他了。这还是清朝早期最有品位的雍正皇帝的审美，到了清末，宫廷的审美趣味简直不堪一提，从头到脚直奔着『暴发户』的恶俗而去，不能看了。

《闺秀诗评图》

•晚清，汉服走向历史的尽头

在清朝，男子的汉服随着剃发易服令的暴力执行，血淋淋地退出了历史舞台，只在民间零散地存在。女子的汉服因为『十从十不从』，得以苟延残喘。

汉族女子在康雍年间，尚能保留明代的汉服款式，流行小袖衣和长裙。乾隆之后，时风大变，衣服变得又肥又短，袖口日益宽大，配上云肩，花样百出。到晚清时，都市妇女已经时兴穿裤子，喜好在衣服上镶花边，滚牙子，多达十几道，繁复精细；又在衣襟上角挂金银链式、耳挖、牙签之类，谓之『金三事』『银七事』，做工精致，品位日趋庸俗，与『云想衣裳花想容』的汉服旨趣已渐行渐远。随着旗装的流行，上衣下裳制的女子汉服也在清朝末年走向了历史的尽头。

写在结尾的话

汉服的历史是一条河。河的源头是质朴，中流是华美，末端是不堪。河里满是丝绸、锦缎、织绣连成的华丽涟漪，波光潋滟，源远流长……

这条河的兴衰与朝代的兴替相关。如果说魏晋是名士的朝代，唐朝是女子的朝代，宋朝是文人的朝代，明朝是皇权的朝代，那么不难看出，汉服的审美走出了一个倒U字形的曲线：唐宋之前是向上之势，至唐宋时达到审美的顶端，之后便一路向下，最后在晚清跌落谷底，审美毫无层次可言，汉服走向了末路。

中国古代没有设计师，可是有裁缝，一直有。所以，别把裁缝不当设计师。中国的汉服裁缝曾缝出了千年的时尚，做出了如云霞般的霓裳。

谨以此书向他们致敬！向曾如云霓般美丽的汉服致敬！

后记

何继丹

本书从约稿到成书，整整经历了八年时间。在现今讲究快节奏的时代里，八年时间说长不长，说短不短。在这八年里，为了查找资料，我跑遍了广州市的大小图书馆和书店，借书，买书，利用周末打『飞的』去国内的各大博物馆、美术馆，甚至还包括了美国的大都会博物馆、日本的京都博物馆看各种展览。杭州的中国丝绸博物馆，我几乎每年都去一次；为了看马王堆汉墓的出土衣物及丝织品，一年内我去了两次湖南省博物馆；并先后两次前往莫高窟和敦煌研究院拜访交流，不错过每一个相关信息的展览和学术研讨活动，以确保书中的每一件服饰都有出处并经过考证。为了画好每一件服饰，我反复研究考古资料中的衣饰细节，在绘制过程中不断地修改线条、调整画面，力求达到艺术性与学术性的平衡。

全书画稿共有三百多幅，均由本人一笔一画、一点一线地通过电脑手绘的方式完成。在八年的绘制过程中，我生生地将自己从电脑小白练成了AI软件的操作高手。两千多个日夜的写写画画，与其说是著书，不如说是在前辈们的指导下，在同事、朋友们的帮助下，对中国的服饰历史、文化艺术进行了系统的研习。这本书就是这次学习与研究成果的汇报和分享。

本书的成就，首先要感谢我的恩师，中国设计界的老前辈、广州美术学院的老院长尹定邦教授，感谢他对我一贯的教诲和鼓励！感谢他对本书的指导与作序。同时感谢中国服装设计师协会主席李当岐教授、敦煌研究院美术研究所前所长侯黎明老师，以及广州美术学院东美红教授等，多谢他们对本书内容给予很多指导性的意见和建议。感谢为本书辛苦付出的团队成员！感谢曾经给予帮助的朋友们！有了你们的支持和帮助，本书才得以顺利完成。

八年光阴，我每天沉浸在中国历代的古典服饰里，被丝光锦绣牵扯着心思，被含蓄华丽的审美引导着趣味，最后呈现了这本画册。希望读者能透过这些美丽的衣衫，领略古典中国曾经的风华和时尚。

二〇二一年十月于广州

参考资料

陕西省文物管理委员会：《西安曲江池西村元墓清理简报》，原载《文物参考资料》一九五八年第六期。

福建省博物馆：《福州南宋黄昇墓》，文物出版社，一九八二年版。

上海市戏曲学校中国服装史研究组：《中国历代服饰》，学林出版社，一九八四年版。

孙诒让［清］：《周礼正义》，中华书局，一九八七年版。

王圻、王思义［明］：《三才图会》，上海古籍出版社，一九八八年版。

傅举有、陈松长：《马王堆汉墓文物》，湖南出版社，一九九二年版。

周汛、高春明：《中国传统服饰形制史》，南天书局有限公司（台北），一九九八年版。

周汛、高春明：《中国衣冠服饰大辞典》，上海辞书出版社，一九九六年版。

周芜、周路、周亮：《日本藏中国古版画真品》，江苏美术出版社，一九九九年版。

《世界美术大全·东洋编》，日本小学馆，二〇〇〇年版。

宿白：《白沙宋墓》，文物出版社，二〇〇二年版。

沈从文：《中国古代服饰研究》，上海书店出版社，二〇〇二年版。

《中国织绣服饰全集·织染卷》，天津人民美术出版社，二〇〇四年版。

常沙娜：《中国织绣服饰全集·刺绣卷》，天津人民美术出版社，二〇〇四年版。

沈从文、王㐨：《中国服饰史》，陕西师范大学出版社，二〇〇四年版。

高春明：《中国传统织绣纹样》，上海书画出版社，二〇〇五年版。

孙青松、贺福顺：《嘉祥汉画像石选》，香港唯美出版公司，二〇〇五年版。

敦煌研究院：《史苇湘欧阳琳临摹敦煌壁画选集》，上海古籍出版社，二〇〇七年版。

南越王博物馆：《西汉南越王博物馆珍品图录》，文物出版社，二〇〇七年版。

赵广超、马健聪、陈汉威：《一章木椅》，三联书店（香港）有限公司，二〇〇七年版。

樊锦诗、范迪安：《盛世和光·敦煌艺术》，人民教育出版社，二〇〇八年版。

吴山：《中国纹样全集》，山东美术出版社，二〇〇九年版。

宋应星［明］：《天工开物图说》，山东画报出版社，二〇〇九年版。
台北故宫博物院：《文艺绍兴 南宋艺术与文化·书画卷》《文艺绍兴 南宋艺术与文化·器物卷》，台北故宫博物院，二〇一〇年版。
浙江大学中国古代书画研究中心：《宋画全集》一至二十一册，浙江大学出版社，二〇一〇年版。
赵广超、吴静雯：《十二美人》，三联书店（香港）有限公司，二〇一一年版。
陕西历史博物馆：《唐墓壁画真品》，三秦出版社，二〇一一年版。
孟元老［宋］：《东京梦华录》，中国画报出版社，二〇一三年版。
刘瑞璞、陈静洁：《中华民族服饰结构图考·汉族编》，中国纺织出版社，二〇一三年版。
孙机：《中国古代物质文化》，中华书局，二〇一四年版。
陈凤：《晋祠宋代彩塑》，山西人民出版社，二〇一四年版。
敦煌研究院：《敦煌石窟全集 二十四·服饰画卷》《敦煌石窟全集 八·塑像卷》，商务印书馆，二〇一五年版。
华梅：《中国历代「舆服志」研究》，商务印书馆，二〇一五年版。
张蓓蓓：《彬彬衣风馨千秋——宋代汉族服饰研究》，北京大学出版社，二〇一五年版。
孙机：《华夏衣冠 中国古代服饰文化》，上海古籍出版社，二〇一六年版。
徐铮、金琳：《锦程——中国丝绸与丝绸之路》，浙江大学出版社，二〇一七年版。
陈建明、王树金：《马王堆汉墓服饰研究》，中华书局，二〇一八年版。
黄能福、陈娟娟、黄钢：《服饰中华》上下卷，台湾枫树林出版事业有限公司，二〇一八年版。
张玲：《那更罗衣峭窄裁——南宋女装形制风格研究》，中国传媒大学出版社，二〇一九年版。
王亚蓉、贺阳：《中国服饰之美》，中国纺织出版社，二〇一九年版。
张良：《宋服之冠：黄岩南宋赵伯澐墓文物解读》，中国文史出版社，二〇一七年版。
查沁怡：《「燕寝怡情」图册中的家具研究》，苏州大学硕士学位论文，二〇二〇年版。
山东博物馆、孔子博物馆：《衣冠大成》，山东美术出版社，二〇二〇年版。

贾玺增：《中国服装史》，东华大学出版社，二〇二〇年版。
郭浩、李健明：《中国传统色——故宫里的色彩美学》，中信出版集团，二〇二〇年版。
上海工程技术大学：《中国历代服饰赏析》（全二十一讲），网易公开课，二〇一九年。
薄松年（中央美术学院）：《中国美术简史》（全六讲），网易公开课，二〇一三年。
邵彦（中央美术学院）：《中国美术史》（全三十八讲），网易公开课，二〇一六年。
郑岩（中央美术学院）：《考古发现与中国绘画史研究》（全二十二讲），网易公开课，二〇一九年。
日本NHK电视台：《敦煌莫高窟：美的全貌》（纪录片），二〇〇八年。
中视传媒股份有限公司、敦煌研究院：《敦煌》（十集纪录片），中央电视台，二〇一〇年。
中央电视台、中共甘肃省委宣传部：《河西走廊》（十集纪录片），中央电视台，二〇一五年。
三联生活周刊：《我们为什么爱宋朝：宋代美学十讲》（视频课程），优酷，二〇一八年。
邓小南（北京大学）：《宋代历史再认识》（全五讲），《唐宋历史纵横谈》，网易公开课，二〇一九年。